玉米大斑病

玉米小斑病

玉米黑粉病

玉米锈病

通过赤眼蜂防治玉米螟

玉米红蜘蛛识别

秧苗立枯病

水稻恶苗病

水稻纹枯病

水稻穗颈稻瘟

水稻二化螟识别

稻纵卷叶螟识别

大豆胞囊线虫病

大豆病毒病

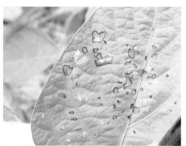

大豆灰斑病

大豆霜霉病

大豆地草地暝

大豆食心虫

花生白绢病

花生黑霉病

花生锈病

花生青枯病

马铃薯病毒病　　　　　　　　马铃薯坏腐病

马铃薯晚疫病　　　　　　　　马铃薯早疫病

WS-5CD1

山东卫士牌手动喷雾器　　　　超低量喷雾器

WS-18D

背负式电动喷雾器

WSJ-300LZC

动力喷雾机

植保机械作业图

植保机械作业图

作业前准备

植保机械作业图

农村劳动力阳光工程培训系列丛书

农作物病虫草鼠害

专业化防治技术

潘巨文 孟昭金 刘 烨 主编

中国农业科学技术出版社

图书在版编目（CIP）数据

农作物病虫草鼠害专业化防治技术／潘巨文，刘烨，孟昭金主编.
北京：中国农业科学技术出版社，2012.9
　ISBN 978 - 7 - 5116 - 1056 - 0

Ⅰ.①农…　Ⅱ.①潘…②刘…③孟…　Ⅲ.①作物 - 病虫害防治
②作物 - 除草③作物 - 鼠害 - 防治　Ⅳ.①S4

中国版本图书馆 CIP 数据核字（2012）第 198878 号

责任编辑　崔改泵　贺可香
责任校对　贾晓红

出 版 者　中国农业科学技术出版社
　　　　　北京市中关村南大街 12 号　邮编：100081
电　　话　（010）82106631（编辑室）　　（010）82109704（发行部）
　　　　　（010）82109703（读者服务部）
传　　真　（010）82106631
网　　址　http://www.castp.cn
经 销 者　各地新华书店
印 刷 者　中煤涿州制图印刷厂
开　　本　850mm×1168mm　1/32
印　　张　5　　　插页　6
字　　数　140 千字
版　　次　2012 年 9 月第 1 版　2012 年 9 月第 1 次印刷
定　　价　15.00 元

序　言

　　进入 21 世纪，随着国民经济的不断发展以及人民生活水平的提高，人们对农产品的需求正逐渐由数量型向质量型转变，人们的环保意识逐步加强，对安全、无污染的农产品需求呈与日俱增的态势。人们追求环保、低碳、天然、有机食品已成为时髦之举，因为这是生命延伸所需。在农业生产中如何引导农民正确使用农药，控制农药污染、提高农产品的品质、保证粮食生产安全，食品安全是我们农业工作者需要认真面对的重要课题，也是引导农民增强环保意识、安全生产粮食的重点培训内容。

　　应该说由于过去长期使用某些化学农药，造成了在农产品上的残留和对环境的污染。但是全世界人口的急剧增长，解决粮食增产已成为当务之急，而防治病、虫、草、鼠等有害生物的化学药剂是农业增产的重要物质保证。为了贯彻"预防为主，综合防治"的植保方针，在农作物病虫害综合防治措施中，应以农业防治措施为基础，创造一个适合作物生长、不利于病虫发生为害的生态环境；优先采用生物防治技术，加强农用抗生素、微生物杀虫杀菌剂的开发利用，保护利用各种天敌昆虫，充分发挥其他防治措施，科学、安全地使用农药，防止农药对农产品及环境造成污染。如何实现，要靠人，要靠大批懂行的人，要靠那些直接生产粮食的人，用环保的意识、专业的技术来减少污染。

　　目前，农作物病、虫、草、鼠害的统防统治普遍受到各级政府的重视，2010 年，中央 1 号文件明确提出："大力推进农作物病虫害专业化统防统治。"农业部开始采取有力措施，将农作物病虫害专业化统防统治作为贯彻"预防为主、综合防治"植保方针和践行"公其植保、绿色植保"理念的重大举措，作为实现"保障农业生产安全、农产品质量安全和农业生态安全"三大目标的重要抓手，并在更大规模、更广范围、更高层次上深入推进。在实施农村劳动力培训阳光工程中增设了农作物病虫害防治员专业的培训，其目的是通过培养，打造一批拉得出、用得上、打得赢的专业化统防统治队伍，使之成为农作物重大病虫害防控和主导力量，使农作物病虫害防治向专业化、社会化、市场化发展。

新的时期我们给农作物病虫害专业化防治赋予新的含义。是指具备一定植保专业技术的服务组织，采用先进、实用的设备，对农作物病虫害开展社会化、规模化和契约性的防治服务行为。近十年来，随着农业机械化水平的提高，土地流转速度的加快，需要广大农民组织起来成立合作组织，成立植保专业防护队，根据不同时期农作物发生的不同侵害展开大规模防治。农作物病虫草鼠害专业化统防统治大力提升了农作物病虫害防控效率、防控效果和防控效益，有效减少农药用量和环境污染，切实保障了作物安全、人畜安全和农产品质量安全。

新的形势、新的需求、新的组织都需要我们能为农作物病虫害专业化防治提供平台，这本《农作物病虫草鼠害专业化防治技术》，就是为从事植保工作或从事专业防治组织和管理人员、农民机防手提供的"工具箱"，意在使专业的组织、专业的机防人员掌握专业的知识、会使用专业的机械、熟练专业的植保技术，为"高产、优质、高效、生态、安全"农业和保证农业丰收、农民增收献计献策。

王丽文

目　录

第一章　农作物病虫害专业化防治组织的要求、条件、

服务方式 …………………………………………（1）

　第一节　专业化防治员的素质要求 ………………（1）

　第二节　专业化防治组织应具备的条件 …………（3）

　第三节　专业化防治组织服务方式 ………………（5）

第二章　玉米病虫草害识别与防治 ………………（11）

　第一节　玉米主要病害识别与防治 ………………（11）

　第二节　玉米虫害识别与防治 ……………………（19）

　第三节　玉米田化学除草技术 ……………………（28）

第三章　水稻病虫草害识别与防治 ………………（30）

　第一节　水稻主要病害的识别与防治 ……………（30）

　第二节　水稻主要虫害识别与防治 ………………（39）

　第三节　水稻主要杂草防治 ………………………（44）

第四章　大豆病虫草害识别与防治 ………………（48）

　第一节　大豆病害识别与防治 ……………………（48）

　第二节　大豆虫害识别与防治 ……………………（53）

　第三节　大豆田除草技术 …………………………（57）

第五章　马铃薯主要病虫草害识别与防治 ………（60）

　第一节　马铃薯的病害识别与防治 ………………（60）

　第二节　马铃薯的虫害识别与防治 ………………（62）

第三节　马铃薯田的除草技术 …………………（64）

第六章　花生病虫草害识别与防治 …………………（67）

第一节　花生病害识别与防治 …………………（67）

第二节　花生的主要虫害防治 …………………（77）

第三节　花生田的杂草防除技术 …………………（78）

第七章　稻水象甲的为害与防治 …………………（80）

第一节　鉴别特征 …………………………………（80）

第二节　发生特点 …………………………………（80）

第三节　为害症状 …………………………………（81）

第四节　防治方法 …………………………………（81）

第八章　农区害鼠和农区统一灭鼠技术 …………（82）

第一节　常见农业害鼠 ……………………………（82）

第二节　杀鼠剂种类 ………………………………（82）

第三节　农区统一灭鼠技术 ………………………（82）

第四节　毒饵站制作方法 …………………………（83）

第五节　慢性杀鼠剂中毒的处理 ………………（83）

第九章　常用植保机械（施药机械）的使用与
　　　　维护 ………………………………………（84）

第一节　植保机械（施药机械）的种类 ………（84）

第二节　手动喷雾器的使用技术 ………………（85）

第三节　背负式机动弥雾喷粉机使用技术 ……（88）

第四节　超低量喷雾器使用技术 ………………（89）

第五节　机动喷雾器的安全使用 ………………（90）

第六节　常用施药机械的清洗、故障排除和长期
　　　　保存 ………………………………………（93）

第七节　常用杀虫灯具及其他 …………………（99）

第十章　农药的安全使用 ……………………………（103）

第一节　农药的分类 …………………………………（103）

第二节　农药的购买、运输和保管 …………………（105）

第三节　农药的药害症状、原因及补救措施 ………（109）

第四节　科学、合理使用农药 ………………………（113）

第五节　农药中毒的症状、因素和急救措施 ………（117）

第六节　除草剂 ………………………………………（122）

第七节　植物生长调节剂 ……………………………（126）

附录一　《中华人民共和国农业部公告》（199号）…（128）

附录二　辨识假劣农药 ………………………………（129）

附录三　农药安全使用规范总则 ……………………（132）

附录四　中华人民共和国主席令 ……………………（139）

第十章　水资源的安全利用 …………………………………………………… (103)

　　第一节　水资源的定义 …………………………………………………… (103)

　　第二节　……污染、净化与防治 ………………………………………… (95)

　　第三节　……的要求、范围及标准…… ……………………………… (100)

　　第四节　……、管理和检查 ……………………………………………… (1?)

　　第五节　……水的净化、日常……和应急措施 ……………………… (11?)

　　第六节　……标准 ……………………………………………………… (122)

　　第七节　……制和……办法 …………………………………………… (129)

附录一　《中华人民共和国水污染公告》〔190号〕 ……………………… (128)

附录二　……保护办法 …………………………………………………… (130)

附录三　……水质安全使用管理办法 …………………………………… (132)

附录四　中华人民共和国水污染防治法 ………………………………… (139)

第一章　农作物病虫害专业化防治组织的要求、条件、服务方式

随着我国农业、农村经济的迅速发展，农业集约化水平和组织化程度的不断提高，土地承包经营权的有序流转，规模化种植、集约化经营，已成为农业、农村经济发展的方向，迫切需要建立健全新型社会化服务体系。病虫害专业化防治较好地解决了因农村劳动力大量转移，农业生产者老龄化和女性化的突出问题，防治病虫害日趋困难等方面的难题，是新型社会化服务体系的重要组成部分，有效地促进了规模化经营，促进了现代农业的发展。

第一节　专业化防治员的素质要求

农作物病虫害防治员，首先应热爱农作物病虫害防治工作。能爱岗敬业，其次是能掌握和运用农作物病虫草害发生发展原理，田间调查测报、预防和控制技术，农药的使用方法等。在此基础上，应明白自己的岗位职责和素质要求。

一、专业化防治员岗位职责

1. 经常深入田间，开展对当地主要农作物病虫草害及天敌发生动态的调查，系统掌握病虫草害发生、发展、蔓延情况；为防止农业因病虫草为害造成损失而站好岗，放好哨。根据农作物病虫草害发生情况，制定相应的防治技术措施，指导

农民及时开展防治。

2. 根据农作物病虫草害出现的新情况及时引进新农药、新技术，进行试验、示范和推广，并将结果总结上报。

3. 负责农作物病虫草害防治新技术培训、推广、宣传，指导农民对农作物主要病虫害开展综合防治。

4. 熟悉农作物病虫害预防员的相关流程，掌握本行业的操作规程，并具备相应的实践操作能力。

5. 要积极开展市场调查，做好市场信息的收集、整理、分析和预测。积极以市场及消费者为对象，运用科学的方法收集、记录、整理和分析有关市场营销的信息和资料，分析农作物病虫害预防现状及存在的问题，并对未来市场供求状况和发展趋势做出判断。

二、专业化防治员工作素质要求

1. 思想品德素质

具备较高的职业道德修养，工作脚踏实地；对自己的职业有着浓厚的感情和忠诚度，对客户有高度的责任感；爱岗敬业，有着高度的工作热情；遵守社会道德、职业操守和行业规矩，尊重客户，合理地维护农民及商户的利益。

2. 专业素质

掌握专业化防治员相关的国家政策、标准、法律等方面的知识；熟悉农作物病虫害预防相关的指标等；了解农作物病虫害预防相关的知识，包括行业特点、市场现状及前景等。此外，农作物病虫害预防是一项比较艰苦的工作，尤其是深入田间实地调查，有时要长途跋涉、顶风冒雨、连续作战，在工作中可能会遇到各种困难，这就要求防治员能吃苦耐劳，并具备良好的团队合作精神及沟通协调能力。

（1）扎实掌握农作物病虫草害的基本知识。如当地主要农作物病虫草害发生种类、为害特点、症状、发生规律、防治指标、检疫对象分布、生物防治技术、化学防治技术、防治药剂种类及配制、喷药方法、防治最有利时机。

（2）能较熟练地运用农作物病虫草的综合防治技术，指导农民对农作物主要病虫害开展综合防治。能较熟练地掌握无公害农产品生产技术，指导农民科学开展生物防治、农业防治、物理防治基础上，合理使用高效低毒化学农药，减少化学农药的使用量和使用次数，以达到安全、高效和经济的目的。

（3）掌握施药器械的使用方法及保养维修技术，掌握农药安全使用知识及中毒处理办法。应当坚持："预防为主，综合防治、灾害治理与环境保护并重"的原则，以达到预防和减少有害生物的为害，控制农药残留，保障农业生产和农产品质量安全，保护生态环境，促进农业可持续发展。

（4）能自觉遵守植物保护的有关规定，维护植保基础设施。对未经试验、示范的植保新技术、新农药不组织推广。

第二节　专业化防治组织应具备的条件

一、农业部门重点扶持专业化防治组织应具备的条件

1. 有法人资格

经工商或民政部门注册登记，并在县级以上农业植保机构备案。

2. 有固定场所

具有固定的办公、技术咨询场所和符合安全要求的物资储存条件。

3. 有专业人员

具有 10 名以上经过植保专业技术培训合格的防治队员，其中，获得国家植保员资格或初级职称资格的专业技术人员不少于 1 名。防治队员持证上岗。

4. 有专门设备

具有与日作业能力达到 300 亩（设施农业 100 亩）（1 亩约为 667 平方米；15 亩为 1 公顷。全书同）以上相匹配的先进实用设备。

5. 有管理制度

具有开展专业化防治的服务协议、作业档案及员工管理等制度。

二、组织形式

各地专业化防治组织形式主要有以下 6 种。

1. 专业合作社和协会型

按照农民专业合作社的要求，把大量分散的机手组织起来，形成一个有法人资格的经济实体，专门从事专业化防治服务。或由种植业、农机等专业合作社，以及一些协会，组建专业化防治队伍，拓展服务内容，提供病虫害专业化防治服务。

2. 企业型

成立股份公司把专业化防治服务作为公司的核心业务，从技术指导、药剂配送、机手培训与管理、防效检查、财务管理等方面实现公司化的规范运作。或由农药经营企业购置机动喷雾机，组建专业化防治队，不仅为农户提供农药销售服务，同时还开展病虫害专业化防治服务。

3. 大户主导型

主要由种植大户、科技示范户或农技人员等"能人"创办专业化防治队，在进行自己的田块防治的同时，为周围农民开展专业化防治服务。

4. 村级组织型

以村委会等基层组织为主体，或组织村里零散机手，或统一购置机动药械，统一购置农药，在本村开展病虫统一防治。

5. 农场、示范基地、出口基地自有型

一些农场或农产品加工企业，为提高农产品的质量，越来越重视病虫害的防治和农产品农药残留问题，纷纷组建自己的专业化防治队，为本企业生产基地开展专业防治服务。

6. 互助型

在自愿互利的基础上，按照双向选择的原则，拥有防治机械的机手与农民建立服务关系，自发地组织在一起，在病虫防治时期开展互助防治，主要是进行代治服务。

7. 应急防治型

这种类型主要是应对大范围发生的迁飞性、流行性重大病虫害，由县级植保站组建的应急专业防治队，主要开展对公共地带的公益性防治服务，在保障农业生产安全方面发挥着重要作用。

第三节　专业化防治组织服务方式

一、代防代治

专业化防治组织为服务对象施药防治病虫害，收取施药服务费，一般每亩收取 4~6 元。农药由服务对象自行购买或由机手统一提供。这种服务方式，专业化防治组织和服务对象之间一般无固定的服务关系。

二、承包防治

1. 阶段承包

专业化防治组织与服务对象签订服务合同，承包部分或一定时段内的病虫害防治任务。

2. 全程承包

专业化防治组织根据合同约定，承包作物生长季节所有病虫害的防治。全程承包与阶段承包具有共同的特点：即专业化防治组织在县植保部门的指导下，根据病虫发生情况，确定防治对象、用药品种、用药时间，统一购药、统一配药、统一时间集中施药，防治结束后由县植保部门监督进行防效评估。

三、专业化防治组织发展方向

农作物病虫害专业化统防统治，不仅仅是技术层面的问题，更是一个组织形式的创新，也是"三农"工作的一项重大措施。"三农"工作出现了很多新的情况和问题，但最突出的一大矛盾就是农村的青壮年和高素质劳动力的大量转移。同时，我国农业连续八年增产，对农产品产量的要求越来越高，对质量的要求也越来越高，对安全的要求越来越高，对环境的要求越来越高。这个矛盾怎么解决？必须从组织形式，从创新改革的层面来完善"三位一体"模式。

所谓的"三位一体"，就是农业连锁经营、病虫害统防统治相结合，推广和使用生物农药以及高效、低毒、低残留农药。治理农业面源污染，确保农产品质量安全，这两项工作都很难，难就难在传统的、分散的农药营销方式难管；难就难在一家一户分散经营，加上青壮年都出去打工了，很难教农民认识那么多病虫。解决这些难题就必须从组织层面来创新，在营销方式上必须大力推进连锁经营，在植保上面推广统防统治。

"三位一体"是把这两个现代形式相结合，使之相辅相成，相互补充，相互促进，既可以构建一个净化农药市场、防止假冒伪劣农药进入的防护墙，又能明显促进统防统治工作。"三位一体"试点的效果很好，突出了五大优势：可以原则上控制高毒农药的使用，可以有效降低农业生产成本，成为农业生产新的增长点，探索农技推广体系改革的新模式，还可以减少环境污染。

积极推广完善"三位一体"的组织形式：

第一要加大宣传力度，要利用各种会议、媒体等形式进行宣传，要向领导宣传，也要向农民宣传。

第二要进一步明确思路，必须坚持政府引导，政策支持，市场运作，规范管理。政府主要是做引导，主要在政策上支持，不能包办一切，要引入市场机制，要引入适度的竞争。

第三要总结完善我们的统防统治工作，推进"三位一体"，要建立标准化作业规范，要加大对机防队员的培训，要与农业保险相结合。

第四是基层植保队伍一定要懂技术、懂业务，不能侵犯农民的利益。村级的服务组织不能都让村主任、会计来干，村干部是负责组织、发动、协调工作的。此外，要重视药剂的开发和政策的研究，同时还要加强试点、示范。

农业部种植业管理司司长叶贞琴说：发展专业化统防统治，符合现代农业的发展方向，是解决农民防病治虫难题、提高防治效果、减少农药污染的有效途径，也是转变植保防灾减灾方式、提升植保水平和能力的重要抓手，更是保障农业生产安全、农产品质量安全和农业生态安全的战略举措。要坚定不移地大规模开展这一活动。

经各方努力，专业化统防统治呈现出良好的发展局面：

一是防治组织快速发展。全国在工商部门注册的专业化防治组织达到了 1.5 万个，大型植保机械 120 万台（套），从业人员 100 万人，日作业能力达 3 000 万亩。

二是防治面积迅速扩大。2012 年，全国实施统防统治的面积达 6.5 亿亩次，其中，水稻、小麦粮食作物的统防统治覆盖率达 15% 左右。

三是服务模式不断完善。服务形式由过去单一的代防代治，逐步向阶段承包和全程承包发展。

四是防治作用日益凸显。各地实践证明，专业化统防统治作业效率可提高 5 倍以上，每亩水稻可增产 50 千克以上，小麦可增产 30 千克以上，减少农药用量 20% 以上，亩均节本增收 100 ~ 200 元。减损就是增产，发展专业化统防统治是进一步提升粮食产量水平的重要措施。

农业生产形势十分复杂，春季北方小麦产区遇到持续低温，入夏以后长江流域稻区又面临大旱、旱涝急转等异常的气候条件，对一些病虫害的发生十分有利。据农业部组织的专家分析预测，2012 年农作物病虫害仍将是一个偏重发生年份，前一阶段小麦病虫防控取得很好效果，但更重的防治任务还在 6 ~ 9 月。对此，我们必须高度重视，要以专业化统防统治为抓手，全面做好各项植保工作。

一要做好重大病虫鼠害的监测与防控。南方稻区要突出抓好"两迁"害虫和南方水稻黑条矮缩病等监测与防控；东北地区要突出抓好稻瘟病、玉米螟的预防控制工作；东亚飞蝗、西藏飞蝗、亚洲飞蝗和土蝗发生区要突出抓好应急防治，严防蝗虫起飞和扩散为害；华北、西北和东北地区要密切关注草地螟发生动态，洞庭湖区要切实加强东方田鼠防控工作。

二要做好重点区域植物疫情监管阻截。对西南和长江中下游的稻水象甲，西北的扶桑绵粉蚧、苹果蠹蛾，华北的瓜类果斑病等重大疫情，要切实加强检疫监管和封锁控制，防止疫情蔓延为害。

三要做好农药管理和安全使用指导。目前陆续进入高温季节，要加强防控作业和安全用药指导，避免发生中暑、中毒事件。同时，加大农药市场监管力度，做到重心下移，严厉打击制假售假违法行为，防止假冒伪劣农药流入市场，确保农民用上"放心药"。

1. 服务领域拓展

（1）代防代治的优势　简单易行，不需要组织管理，收费容易，不易产生纠纷。不足之处：仅能解决劳动力缺乏的问题，无法确保实现安全、科学、合理用药，谈不上提高防治效果和防治效益，降低防治成本；机手盈利不足，服务愿望不强；不便于植保技术部门开展培训、指导和管理。

（2）困境　由于现有的植保机械还是半机械化产品为主，要靠人背负或手工辅助作业，机械化程度和工效低。作业辛苦，劳动强度大；作业规模小，收费低，收益不高，难以满足通过购买机动喷雾机，为他人提供服务而赚取费用的需求。如背负式机动喷雾机一天最多只能防治30亩（1公顷=15亩，1亩≈666.7平方米，余同），收入150元，扣除燃油、折旧等，纯利也就是100多元，与一般体力劳动工钱差不多，还要冒农药中毒危险，从利益上看没有吸引力。现有的植保机械技术含量不高，作业质量受施药人员水平影响大。

（3）承包防治的优势　可提高防治效果，降低病虫为害损失；提高防治效率，降低防治用工；提高防治效益，降低防治成本；使用大包装农药，减少农药包装废弃物对环境的污染，同时有利于净化农药市场；为了降低用药成本，而加速其他综合防治措施的应用，同时强有力的组织形式也为统一采取综合防治措施提供了保障；有利于植保技术部门集中开展培训、指导和管理，加速新技术的推广应用。不足之处：组织管理较为费事，收费较为困难，容易产生纠纷；专业化防治组织效益低、风险大；机手流动性较大，增加了培训难度。

（4）困境　由于收取的费用不能比农民自己防治的成本高很多，防治用工费全部要支付给机手，专业化防治组织如何在不增加农民负担的情况下，找到自身的盈利模式成为能否健康发展的关键。现在运行较好的专业化防治组织，主要靠农药的销售和包装差价盈利。专业化防治组织是根据往年的平均防治次数收取承包防治费的，当有突发病虫或某种病虫暴发为害需增加防治次数时，当作物后期遭受自然灾害时，承受的风险很大，在没有相应政策扶持下，很多企业望而却步。

2. 解决途径

（1）在消化吸收国外先进机型的基础上，开发出适合我国种植特点的大中型高效、对靶性强、农药利用率高的植保机械。提高植保机械的机械化水平，提高防治效率，实现防治规模化效益；提高机器本身的技术含量，从技术装备上提高施药水平，避免人为操作因素对施药质量的影响。

（2）出台补贴政策，鼓励农民参与专业化防治，促进专业化防治组织健康发展；补贴专业化防治组织开展管理和培训费用；建立突发、暴发病虫害防治补贴基金，用于补贴因增加防治次数而增加的成本；设立保险资金，建立保险制度，规避风险；逐步拓展服务领域，增加收入来源。

第二章　玉米病虫草害识别与防治

第一节　玉米主要病害识别与防治

玉米主要病害：玉米大斑病、玉米小斑病、玉米灰斑病、玉米圆斑病、玉米丝黑穗病、玉米弯孢菌叶斑病、玉米黑粉病、玉米青枯病、玉米矮缩花叶病、玉米粗缩病、玉米茎腐病、玉米褐斑病、玉米锈病、玉米纹枯病。

一、玉米大斑病

玉米大斑病主要为害玉米的叶片、叶鞘和苞叶。叶片染病先出现水渍状青灰色斑点，然后沿叶脉向两端扩展，形成边缘暗褐色、中央淡褐色或青灰色的大斑，后期病斑常纵裂。

二、玉米小斑病

玉米小斑病苗期染病初在叶面上产生小病斑，周围或两端具褐色水浸状区域，病斑多时融合在一起，叶片迅速死亡，多在叶脉间产生椭圆形或长方形斑，黄褐色，边缘有紫色或红色晕纹圈。有时病斑上有 2～3 个同心轮纹。多数病斑片，病叶变黄枯死。叶鞘和苞叶染病，病斑较大，纺锤形，黄褐色，边缘紫色不明显，病部长有灰黑色霉层，即病原菌分生孢子梗和分生孢子。果穗染病，病部生不规则的灰黑色霉区，严重的果穗腐烂，种子发黑霉变。

三、玉米灰斑病

玉米灰斑病又称尾孢叶斑病、玉米霉斑病。主要为害叶片。初在叶面上形成无明显边缘的椭圆形至矩形灰色至浅褐色病斑，后期变为褐色。湿度大时，病斑背面生出灰色霉状物，即病菌分生孢子梗和分生孢子。

玉米大斑病、小斑病、灰斑病防治方法：

主要防治是以种植抗病品种为主，加强农业防治，辅以必要的药剂防治。可在心叶末期到抽雄期或发病初期喷洒 75%百菌清可湿性粉剂 500～800 倍液或 50%多菌灵可湿性粉剂 500～600 倍液。每隔 7 天喷施 1 次，连续 2～3 次。

四、玉米圆斑病

玉米圆斑病可侵染叶片、果穗、苞叶和叶鞘。叶片上病斑初为水渍状淡绿到淡黄色小点，以后扩大为圆或卵圆形斑点，有同心轮纹，中央淡褐色，边缘褐色，具黄绿色晕圈，大小为（1～2）毫米 ×（3～10）毫米。数个病斑汇合变成长条斑。苞叶上的病斑向内扩展可侵害玉米籽粒和穗轴，病部变黑陷，果穗变弯曲，重者粒和穗轴变黑，籽粒和苞叶上长满黑色霉层。

玉米圆斑病防治方法：

选用抗病品种，加强田间管理；药剂防治：可用 25%粉锈宁可湿性粉剂按说明书加水稀释成合适浓度的溶液进行喷雾，或用 20%粉锈宁乳油按说明书加水稀释成合适浓度的溶液进行喷雾。

五、玉米丝黑穗病

又称"乌米"、"哑玉米"，是土传、种传病害，重茬玉米或感病品种更易发病，主要侵害玉米雌穗和雄穗。得病玉米苗矮化，节间缩短，有的分蘖簇生、叶色浓绿或带黄白条纹，抽穗后全部果穗被破坏，变成黑色菌瘿。

玉米丝黑穗病防治方法：

选用抗病品种，加强田间管理，及时割除病株，带出田外进行清理或烧掉；或者用6%或2%戊唑醇拌种，10毫升药剂对水110~190毫升，拌10千克种子；或者用15%克·醇·美种衣剂40毫升可拌玉米种子15~20千克，还能有效防治地下害虫，对鼠类有一定趋避作用。同时，还具有明显的保苗、壮苗的效果。

六、玉米黑粉病

玉米（瘤）黑粉病是局部侵染的病害。植株的气生根、茎、叶、叶鞘、雄花及雌穗等幼嫩组织都可被侵害。被侵染的组织因病菌代谢产物的刺激而肿大成菌瘤，外包有寄主表皮组织形成薄膜，均为白色或淡紫红色，渐变成灰色，后期变为黑灰色。有的群众称之为长"蘑菇"。菌瘿成熟后散出大量黑粉（冬孢子）。田间幼苗高33厘米左右时即可发病，多在幼苗基部或根茎交界处产生菌瘿。病苗扭曲抽缩，叶鞘及心叶破裂解紊乱，严重的会出现早枯。如叶片被感染，一般形成的菌瘿有豆粒或花生粒大小；如在茎或气生根上被感染，则形成的菌瘿如拳头大小；雌穗被侵染，多在果穗上中部或个别籽粒上形成菌瘿，严重的全穗形成大而畸形的菌瘤。

玉米黑粉病防治方法

（1）栽培管理措施

①减少菌源，彻底清除田间病株，进行秋翻地。在田间发病后及早割除菌瘤，带出田外进行深埋或烧掉。

②选用抗病品种：一般甜玉米最易感病，马齿型玉米较抗病，杂交种一般较自交系抗病。

③加强栽培管理：合理密植，防止过量施氮肥，灌溉要及时，特别是在抽穗前后易感病的阶段，必须保证水分供应；及时彻底防治虫害，如玉米螟等。减少由于虫害造成的伤口感染。

（2）药剂防治

①药剂拌种：可用种子重量 0.2% ~0.3% 的 50% 福镁双可湿性粉剂拌种，以减轻种子带菌造成的为害。

②在玉米出苗期地表喷施杀菌剂（除锈剂）；在玉米抽穗前喷 50% 福镁双，防治 1~2 次，可有效减轻病害。

七、玉米弯孢菌叶斑病

叶部病斑初为水渍状褪绿半透明小点，后扩大为圆形、椭圆形、梭形或长条形病斑，病斑长 2~5 毫米、宽 1~2 毫米，最大的可达 7 毫米×3 毫米。病斑中心灰白色，边缘黄褐色或红褐色，外围有淡黄色晕圈，并具黄褐色相间的断续环纹。潮湿条件下，病斑正反两面均可产生灰黑色霉状物，即病原菌的分生孢子梗和分生孢子。感病品种叶片密布病斑，病斑结合后叶片枯死。

玉米弯孢菌叶斑病防治方法

1. 清洁田园

玉米收获后及时清理病株和落叶，集中处理或深耕深埋，减少初侵染来源。

2. 选用抗病品种

3. 药剂防治

田间发病率达 10% 时，75% 百菌清 600 倍液或 50% 多菌灵 500 倍液喷施。

八、玉米青枯病

玉米青枯病主要发生于玉米乳熟期。发病初期，植株的叶片凸起，出现青灰色干枯，似霜害；根系和茎基部呈现出水渍状腐烂。进一步发展为叶片逐渐变黄，根和茎基部逐渐变褐色，髓部维管束变色，茎基部中空并软化，致使整株倒伏。发病轻的也使果穗下垂，粒重下降。

加强栽培防病能减轻病害。如及时中耕及摘除下部叶片，使土壤湿度低，通风透光好。合理密植，不宜高度密植，造成植株郁闭。前期增施磷、钾肥，以提高植株抗性。在条件许可下，提倡轮作，以减少土壤中的病原菌，如玉米与棉花的轮作或套种等，都能减轻病害。

九、玉米矮缩花叶病

玉米矮缩花叶病初期幼叶基部出现长叶，或在幼嫩叶片的细脉间沿脉表现不规则、椭圆形、断续排列的失绿（多变白）狭窄条纹。后期病部扩展到全叶，呈黄绿相间的花叶，或在叶的一端和顶端、边缘与叶脉间产生条斑。当植株老熟时，叶片多转变为红色或红紫色，有时只在斑驳的部分转为褐色。早期感病的植株严重矮化，分蘖多或果穗短小、不实，有时在一个节上生几个果穗，晚期被害植株高度正常，主要是蚜虫带毒传播。

玉米矮缩花叶病防治方法

1. 选用抗病品种

2. 加强田间管理

清除杂草，减少病源，消灭传毒蚜虫，保护天敌。

3. 药剂防治

用速灭杀丁乳油等菊酯类农药，按说明配成适合比例浓度的溶液进行喷雾。

十、玉米粗缩病

由玉米粗缩病病毒（MRDV）通过灰飞虱传播，为持久性传毒，但不经卵传毒。在北方玉米区，粗缩病毒可在冬小麦上越冬，也可在多年生禾本科杂草及传毒介体灰飞虱体内越冬。凡被灰飞虱为害过的麦田及杂草丛生的作物间套种田，都是该病毒的有效毒源。

玉米粗缩病防治方法

1. 选用抗病品种

提倡连片种植，尽量做到播种期基本一致。

2. 改善耕作制度

重病区减少麦田套种玉米的面积。玉米播种前后清除田间地头杂草，消灭传毒介体灰飞虱的越冬和繁殖的场所。

3. 药剂防治

播种前用克百威等种衣剂包衣或拌种。玉米苗期喷施病毒抑制剂如菌毒清和病毒 A 等，发现病株拔除深埋，并喷施赤霉素等制剂，促进玉米快速生长。

十一、玉米茎腐病

是由多种病原菌单独或复合侵染造成根系和茎基腐烂的一

类病害，主要由腐霉菌和镰刀菌侵染引起，在玉米植株上表现的症状就有所不同。其中，腐霉菌生长的最适温度为 23～25℃，镰刀菌生长的最适温度为 25～26℃，在土壤中腐霉菌生长要求湿度条件较镰刀菌高。

玉米茎腐病防治方法

（1）选择抗病品种。

（2）作物轮作，合理密植，及时防治黏虫、玉米螟和地下害虫。

十二、玉米褐斑病

主要发生在玉米叶片、叶鞘及茎秆。先在顶部叶片的尖端发生，最初为黄褐色或红褐色小斑点，病斑为圆形或椭圆形，小病斑常汇集在一起，严重时在叶片上全部布满病斑，在叶鞘上和叶脉上出现较大的褐色斑点，发病后期病斑表皮破裂，叶细胞组织呈坏死状，散出褐色粉末，叶脉和维管束残存如丝状。

玉米褐斑病防治方法

1. 农业措施

彻底清除病残体组织，并深翻土壤。施足底肥，适时追肥。一般应在玉米 4～5 叶期追施苗肥、追施尿素（或氮、磷、钾复合肥）10～15 千克/亩，发现病害，应立即追肥，注意氮、磷、钾肥搭配。

2. 药剂防治

积极预防：玉米褐斑病防治要以预防为主，在玉米 4～5 片叶期，用 25% 的粉锈宁可湿性粉剂 1 500 倍液叶面喷雾，可预防玉米褐斑病的发生。及时防治：玉米发病时，用 25% 的粉锈宁可湿性粉剂 1 500 倍液叶面喷雾，喷药要均匀周到，保护好上部叶片，尤其是雌穗以上的叶片都要喷到。为了提高防治效果可在药液中适当加些天丰素、磷酸二氢钾、尿素类等，促进玉米健壮，提高玉米抗病能力。

十三、玉米锈病

玉米锈病主要为害叶片，也为害叶鞘、苞叶及雄穗。叶片在受害部位最初形成黄白色斑点，四周有黄色晕圈，然后斑点隆起为淡黄色，最后变为黄褐色乃至红褐色的夏孢子堆。夏孢子堆破裂后，散出锈粉状夏孢子。发病严重的植株基部叶片干枯，病部枯死。受害植株结穗小，有的品种即使果穗较大，但果穗松软，早衰下垂，严重影响玉米产量。遇流行年份，一般减产 10%～20%，重的达 30% 以上。甜玉米由于播种晚，锈病发生更严重。

玉米锈病防治方法

1. 农业防治

结合化学防治喷施磷钾肥，尽量少喷氮肥。

2. 化学防治

15% 粉锈宁粉剂 1 500 倍液，连续喷 2～3 次。

十四、玉米纹枯病

可侵染叶鞘、叶片、果穗及苞叶，先从整基部叶鞘发病，再向上扩展蔓延。初期出现水渍状灰绿色的近圆形病斑，以后变为白色、淡黄色到红褐色云纹斑块。湿度大时病斑上产生白霉，即菌丝和担孢子，以后产生菌核，初为白色，老熟后呈黑褐色。

玉米纹枯病防治方法

注意开沟排水，避免偏施氮肥和过度密植。

每亩用 5% 井冈霉素水剂 100～150 毫升或 50% 纹枯利乳

剂 500 倍液、50% 退菌特 50 克，对水 50 千克喷施防治。

第二节　玉米虫害识别与防治

玉米主要虫害有：地下害虫、黏虫、玉米旋心虫、玉米蚜虫、红蜘蛛、双斑萤叶甲、玉米螟。

一、地下害虫

（一）地下害虫的形态特征

1. 蝼蛄形态特征

大型、土栖昆虫。触角短于体长，前足开掘式，缺产卵器。本科昆虫通称蝼蛄。俗名拉拉蛄、土狗。全世界已知约50 种。中国已知 4 种：华北蝼蛄、非洲蝼蛄、欧洲蝼蛄和台湾蝼蛄。

2. 蛴螬形态特征

蛴螬是鞘翅目金龟甲总科幼虫的总称。蛴螬体肥大弯曲近c 形，体大多白色。体壁较柔软，多皱体表疏生细毛。头大而圆，多为黄褐色，或红褐色，生有左右对称的刚毛，常为分种的特征。胸足 3 对，一般后足较长。腹部 10 节，第十节称为臀节，其上生有刺毛，其数目和排列也是分种的重要特征。

3. 金针虫形态特征

是叩头虫的幼虫，中国的种类主要有沟金针虫、细胸金针虫、褐纹金针虫、宽背金针虫、兴安金针虫、暗褐金针虫等。叩头虫一般颜色较暗，体形细长或扁平，具有梳状或锯齿状触角。胸部下侧有一个爪，受压时可伸入胸腔。当叩头虫仰卧，若突然敲击爪，叩头虫即会弹起，向后跳跃。幼虫圆筒形，体表坚硬，蜡黄色或褐色，末端有两对附肢，体长 13 ～

20 毫米。根据种类不同，幼虫期 1 ~ 3 年，蛹在土中的土室内，蛹期大约 3 周。成虫体长 8 ~ 9 毫米或 14 ~ 18 毫米，依种类而异。体黑或黑褐色，头部生有 1 对触角，胸部着生 3 对细长的足，前胸腹板具 1 个凸起，可纳入中胸腹板的沟穴中。头部能上下活动似叩头状，故俗称"叩头虫"。幼虫体细长，25 ~ 30 毫米，金黄或茶褐色，并有光泽，故名"金针虫"。身体生有同色细毛，3 对胸足大小相同。

4. 地老虎形态特征

（1）成虫　小地老虎较大，体长 16 ~ 32 毫米，深褐色，前翅由内横线、外横线将全翅分为 3 段，具有显著的肾状斑、环形纹、棒状纹和 2 个黑色剑状纹；后翅灰色无斑纹。黄地老虎较小，体长 14 ~ 19 毫米，体色较鲜艳，呈黄褐色，前翅黄褐色，全面散布小褐点，肾纹、环纹和剑纹明显，且围有黑褐色细边，其余部分为黄褐色；后翅灰白色，半透明。

（2）卵　半球形，乳白色变暗灰色。

（3）幼虫　小地老虎老熟幼虫体长 41 ~ 50 毫米，灰黑色，体表布满大小不等的颗粒，臀板黄褐色，具 2 条深褐色纵带。黄地老虎较短，体长为 33 ~ 43 毫米，头部黄褐色，体淡黄褐色，体表颗粒不明显，体多皱纹而淡，臀板上有两块黄褐色大斑，中央断开，有较多分散的小黑点。

（4）蛹　赤褐色，有光泽。

（二）地下害虫防治方法

一是提倡用甲基异柳磷颗粒剂，使用乳油时可以自己配制颗粒剂撒施。

二是可以直接用乳油和化肥混合随化肥撒施。

三是可用生物农药毒死蜱防治地下害虫或者毒死蜱加辛硫磷、毒死蜱加高效氯氰菊酯等防治。

四是应用种子包衣剂防治地下害虫。

二、黏虫

（一）黏虫的形态特征

又叫行军虫、剃枝虫。五花虫，属鳞翅目夜蛾科。成虫淡褐色或黄褐色，体长 15～20 毫米，前翅中央近前缘有 2 个淡黄色圆斑，外圆斑下方有 1 个小白点，两侧各有 1 个小黑点。翅顶角有 1 条向内伸的斜线。卵黄白色，直径 0.5 毫米，孵化前铅黑色。老熟幼虫体长 36～38 毫米，黄褐色至红褐色，头盖有网状纹，中央有一黑褐色八字形纹。腹部中线白色，亚背线蓝色或黑褐色。

（二）黏虫防治方法

1. 农业措施：诱集成虫

诱杀成虫以糖醋液作用较好。也可利用黏虫喜在枯草上产卵的习性，每亩插草把 60 把，3～5 天更换 1 次。

2. 药剂防治

消灭幼虫在 3 龄以前，一般使用的药剂有：喷粉用 2.5% 敌百虫粉或 4% 马拉硫磷粉剂每亩用 1.5～2 千克。喷雾用 50% 辛硫磷乳油或 80% 敌敌畏乳油，稀释 1 500～2 000 倍，每亩喷洒稀释液 50～60 千克。

三、玉米旋心虫

（一）玉米旋心虫的形态特征

成虫体长 5～6 毫米，全体密被黄褐色细毛。胸节和鞘翅上布满小刻点。鞘翅翠绿色，具光泽。雄虫腹末呈半卵圆形，略超过鞘翅末端，雄虫则不超过翅鞘末端。卵椭圆形，长 0.6 毫米左右，卵壳光滑，初产黄色，孵化前变为褐色。幼虫体长

8~11毫米，头褐色，腹部姜黄色，中胸至腹部末端每节均有红褐色毛片，中、后胸两侧各有4个，腹部1~8节，两侧各有5个。蛹为裸蛹，黄色，长6毫米。

（二）玉米旋心虫为害症状

玉米旋心虫一般以幼虫在5月末6月初开始从近地表2~3厘米处蛀入玉米根茎基部为害，10天左右出现症状，田间植株表现出异常。蛀孔近圆形或长条状裂痕，呈褐色，中上部叶片逐渐出现黄绿色条纹，生长点受害引起植株矮化，叶片丛生呈君子兰状，俗称"老头苗"。玉米6~8叶期受害重，严重时个别叶片蜷曲或出现排孔，心叶萎蔫。玉米旋心虫为害植株田间症状与玉米病毒病和缺锌症等相近，其主要区别是旋心虫为害后在玉米根茎处留有褐色蛀孔或裂痕。玉米旋心虫多顺垄为害，转株性强，植株出现明显症状时，害虫已转株为害，很难找到虫子。低洼地、沙土地、晚播田及多年重茬旋耕田受害重，玉米不同品种间也有很大差异。

（三）玉米旋心虫发生原因

1. 近年来气候变暖，玉米旋心虫越冬卵存活率高，春天虫源基数大。

2. 发现时间晚，得不到及时防治。

3. 种子包衣剂使用不当。根据发生地全面调查，基本上都是因为所使用的种衣剂成分、含量没有达到要求，以至于控制不住玉米旋心虫幼虫的钻蛀，造成其发生、为害。调查发现，凡是种植直接包衣的种子，所用的种衣剂不含克百威而且未进行二次包衣，发生玉米旋心虫都比较严重。

（四）玉米旋心虫防治方法

一定要重视使用种衣剂，杜绝"白籽"下地。对已经包衣的种子，种业在销售前一定要搞清楚其所使用的种衣剂的成分、含量是否达到防治地下害虫和玉米旋心虫的标准，指导好购种农民正确应用；农民购买已经包衣的种子时，一定要在种业或者技术部门指导下使用。如果种衣剂对玉米旋心虫防效不理想，一定要在播种前重新使用含8%～10%克百威的种衣剂二次包衣。二次包衣时要注意所用种衣剂的杀菌剂成分，如果含有戊唑醇、三唑酮等对种子萌发会产生抑制和不良影响。近几年玉米旋心虫发生重的地块，可以用3%克百威颗粒剂播种前撒施，侧重提前预防。

四、玉米蚜虫

（一）玉米蚜虫的形态特征

蚜虫俗称腻虫或蜜虫，常见的蚜虫种类有菜蚜、玉米蚜虫、大豆蚜虫等。以成、若蚜刺吸植株汁液引至叶片变黄或发红。苗期蚜虫群集于叶片背部和心叶造成为害。轻者造成玉米生长不良，严重受害时，植株生长停滞，甚至死苗。此外还能传播玉米矮花叶病毒病，造成不同程度的减产。目前种植的耐密型品种中，郑单958易遭蚜虫为害。

（二）玉米蚜虫防治方法

当百株玉米蚜量达4 000头，有蚜株率50%以上在蚜虫盛发前每公顷用10%吡虫啉可湿性粉剂150～225克或BT乳剂每公顷3 000毫升，加水450千克，或25%灭幼脲3号胶悬剂1 000倍液；或50%抗蚜可湿性粉3 000～5 000倍液等药剂进行喷雾防治。

五、红蜘蛛

（一）红蜘蛛的形态特征

成螨：雌成螨深红色，体两侧有黑斑，椭圆形。卵：越冬卵红色，非越冬卵淡黄色较少。

幼螨：越冬代幼螨红色，非越冬代幼螨黄色。越冬代若螨红色，非越冬代若螨黄色，体两侧有黑斑。

红蜘蛛每年产一次卵，一次 100 只左右，一个月后开始孵化，母蜘蛛日夜守候，并甘愿当孩子的第一个食物，教会孩子捕食，但牺牲自己。

（二）红蜘蛛防治方法

1. 农业防治

根据红蜘蛛越冬卵孵化规律和孵化后首先在杂草上取食繁殖的习性，早春进行翻地，清除地面杂草，保持越冬卵孵化期间田间没有杂草，使红蜘蛛因找不到食物而死亡。

2. 化学防治

应用螨危 4 000 ~ 5 000 倍液均匀喷雾，40% 三氯杀螨醇乳油 1 000 ~ 1 500 倍液，20% 螨死净可湿性粉剂 2 000 倍液，15% 哒螨灵乳油 2 000 倍液，1.8% 齐螨素乳油 6 000 ~ 8 000 倍液等均可达到理想的防治效果。

六、双斑萤叶甲

（一）双斑萤叶甲的形态特征

双斑长跗萤叶甲，中文别名双斑萤叶甲、四目叶甲。属昆虫纲鞘翅目叶甲科，主要为害作物有粟（谷子）、高粱、大豆、花生、玉米、马铃薯等。

成虫体长 3.6 ~ 4.8 毫米，宽 2 ~ 2.5 毫米，长卵形，棕黄色，具光泽，触角 11 节丝状，端部色黑，长为体长 2/3；复眼大，卵圆形；前胸背板宽大于长，表面隆起，密布很多细小刻点；小盾片黑色呈三角形；鞘翅布有线状细刻点，每个鞘翅基半部具 1 近圆形淡色斑，四周黑色，淡色斑后外侧多不完全封闭，其后面黑色带纹向后突伸成角状，有些个体黑带纹不清或消失。两翅后端合为圆形，后足胫节端部具 1 长刺；腹管外露。卵椭圆形，长 0.6 毫米，初棕黄色，表面具网状纹。幼虫体长 5 ~ 6 毫米，白色至黄白色，体表具瘤和刚毛，前胸背板颜色较深。蛹长 2.8 ~ 3.5 毫米，宽 2 毫米，白色，表面具刚毛。

（二）双斑萤叶甲防治方法

1. 及时铲除田边、地埂、渠边杂草，秋季深翻灭卵，均可减轻为害。

2. 药剂防治

（1）掌握在成虫盛发期，产卵之前（8 月中下旬）及时喷洒 20% 速灭杀丁乳油 2 000 倍液，可有效地控制其对果穗的为害。

（2）发生严重的可喷洒 50% 辛硫磷乳油 1 500 倍液，2.5% 功夫 2 000 倍液；或 28% 高氯乳油 1 500 倍液。

七、玉米螟

（一）玉米螟的形态特征

玉米螟属鳞翅目，螟蛾科，又称玉米钻心虫，是世界性玉米虫害，具有多食性，寄主植物多达 200 种以上，全国各玉米种植区均有发生，常见的多为亚洲玉米螟。玉米螟生长发育分为 4 个阶段，即成虫（蛾子）、卵、幼虫、蛹。蛹期 33 天，产卵前期 7 天，卵期 12 天，幼虫期 46 天，雌蛾寿命 79 天，雄蛾寿命 64 天。

（二）玉米螟为害症状

玉米螟幼虫是钻蛀性害虫，造成的典型症状是心叶被蛀穿后，展开的玉米叶出现整齐的一排排小孔。雄穗抽出后，玉米螟幼虫就钻入雄花为害，往往造成雄花基部折断；雌穗出现以后，幼虫即转移雌穗取食花丝和嫩苞叶，蛀入穗轴或食害幼嫩的籽粒。另有部分幼虫由茎秆和叶鞘间蛀入茎部，取食髓部，使茎秆易被大风吹折。受害植株籽粒不饱满，青枯早衰，有些穗甚至无籽粒，造成严重减产。

（三）玉米螟防治方法

1. 生物方法

（1）应用白僵菌封垛防治玉米螟技术

①防治原理：白僵菌封垛防治玉米螟主要是利用玉米螟在春季打破滞育后，从秸秆中爬出寻找水源，喝水化蛹活动的特点，使玉米螟在活动时接触上白僵菌，消灭玉米螟发生虫源，减少玉米螟的田间为害。

②防治时间：一般在5月1日或提前。

③防治方法：封垛时，在秸秆茬口两侧中间部位，每隔1米左右，把背负式动力喷粉器的喷管插入垛内，向垛内喷粉，每立方米秸秆垛用菌粉（每克含孢子50亿~100亿）100克，待垛上部冒出白烟即停喷，再换第二个位置。如此重复直到全垛喷完为止。

（2）释放赤眼蜂防治玉米螟技术

①放蜂时间确定：赤眼蜂是卵寄生蜂，释放时期是否合适对防效至关重要，害虫的产卵期与赤眼蜂的羽化期相吻合。当玉米螟化蛹率达20%时，后推11天即为第一次放蜂日期，间隔5~7天释放第二、第三次。或者当玉米田间百株卵块达到1~2块时，即可放蜂。

②放蜂次数：主要由害虫的产卵历期决定，一般每个世代放蜂2次。释放3次，放蜂间隔期为5~7天。

③放蜂数量：每亩释放1.5万头左右，平均每次释放0.5

万头。

④释放设置：每亩设1个放蜂点。我们利用的是松毛虫赤眼蜂，它的飞行半径是30米，20米内效果较好。选地块上风头第20垄（60厘米/垄）为第一放蜂垄，距地头25步为第一放蜂点，然后每走50步为一个放蜂点，依此类推放到地头；往下间隔40垄为第二放蜂垄，放蜂方法同上。

⑤放蜂方法：在放蜂点，选一玉米植株中部叶片距地面1/3处，将叶片中间撕开一半，向茎方向下卷成筒，然后将准备好的小块蜂卡固定其中即可。也可用牙签把蜂卡别在叶片背面。

⑥赤眼蜂控制效果：根据多年放蜂调查，赤眼蜂对玉米螟为害的控制效果在65%以上，每亩地能挽回玉米损失30~40千克，投入产出比可达1：（20~40）。

（3）撒施白僵菌颗粒剂防治玉米螟技术

a. 白僵菌颗粒剂配制方法

准备无土的中细河沙，每公顷用量90千克，加少量水使其潮湿，先取出15千克，然后取白僵菌菌粉0.75千克（每公顷用量），混拌均匀，然后再加入到余下的75千克细沙中，充分混拌均匀，制成白僵菌颗粒剂。

b. 撒施方法

在玉米的喇叭口期，幼虫蛀茎前，7月12日左右。首先将白僵菌颗粒剂准备好，然后将配制好的白僵菌颗粒剂装入容器内，使用时，抓一把颗粒剂，用大拇指捏住食指，对准玉米芯叶口松一下，颗粒剂即落入芯叶内，每株玉米一捏，保证每公顷颗粒剂用量。由于各地玉米种植和生长情况不同，各地要因地制宜应用白僵菌颗粒剂方法防治玉米螟，才能取得更好的效果。防效好于封垛，但费用高，适用矮秆玉米。

2. 物理方法

主要是利用玉米螟成虫趋光性，应用佳多频振式杀虫灯等灯具诱杀。

3. 化学方法

化学方法防治玉米螟以撒施辛硫磷颗粒剂为主。

（1）撒施时间　玉米大喇叭口期。

（2）防治药剂　辛硫磷颗粒剂等。

5%辛硫磷颗粒剂杀虫谱广，击倒力强，以触杀和胃毒作用为主，无内吸作用，对鳞翅目幼虫很有效。在7月上旬撒施玉米芯叶可以防治玉米螟。

3%克百威颗粒剂属氨基甲酸酯类杀虫剂，是一种广谱内吸性杀虫剂、杀线虫剂，具有内吸传导、触杀和胃毒作用。对于玉米螟有比较理想的防治效果，同时防治土壤与地面害虫300余种。防治玉米螟主要在玉米大喇叭口期撒施在玉米芯叶里。

第三节　玉米田化学除草技术

一、玉米苗前封闭处理

一般使用38%或50%阿特拉津加50%或90%乙草胺进行苗前封闭处理。或者直接使用阿乙合剂、都阿合剂。具体要求：施药时地表温度在12℃以上；无风或风很小条件下喷药；施药时土壤墒情要好，或听好天气预报；尽量在早晚喷药避开中午阳光直射；喷雾全面，避免集中苗眼喷药；药液要混拌均匀，溶解要充分；干旱情况下加大对水量。

二、玉米苗后茎叶喷雾

使用灭生性的除草剂，如草甘膦、百草枯等要定向喷雾，避免与玉米苗接触；使用烟嘧磺隆类除草剂除草，如玉农乐等要常规喷雾；在鸭趾草（兰花菜）多的地块可以加大阿特拉津使用量。

使用除草剂注意事项

喷药前要看好农药使用说明书，并按照说明书使用，避免产生药害；喷药时喷幅最好在 50 ～ 60 厘米，雾化效果好有利于杂草充分吸收药液，喷药时不能重喷和漏喷；不能在有风和阳光过足时喷药；喷药后 7 ～ 8 小时内降雨会影响除草效果。

第三章　水稻病虫草害识别与防治

第一节　水稻主要病害的识别与防治

水稻主要病害：水稻立枯病、水稻恶苗病、水稻绵腐病、水稻稻瘟病、水稻纹枯病、水稻稻曲病、水稻胡麻斑病。

一、水稻立枯病

水稻立枯病从病因上可分为两种类型：一是真菌性立枯病；二是生理性立枯病也称青枯病。

真菌引起的旱育秧田常见土传病害，包括镰刀菌（*Fusarium* spp.）、腐霉菌（*Pythium* spp.）、丝核菌（*Rhizoctonia* spp.）。以腐霉菌致病性最强，以丝核菌致病力最弱，镰刀菌居中。

1. 水稻立枯病发病原因

真菌性立枯病是由真菌为害引起的侵染性病害，由于种子或床土消毒不彻底，使床土或种子带菌，加之幼苗的生长环境不良和管理不当，致使秧苗生长不健壮，抗病力减弱，病菌乘虚侵入，导致发病。

生理性立枯病也称青枯病，是由于不良的外界环境条件和管理措施不当，使幼苗茎叶徒长，根系发育不良，通风炼苗后水分生理失调，根系吸水满足不了叶片蒸腾需水的要求，使叶片严重失水，所造成的生理性病害。多发生在地势低洼、盐碱、地下水位高、土壤冷凉、播种量大、通风炼苗晚、高温徒长的苗床。

2. 水稻立枯病症状类型

（1）芽腐　稻苗出土前后就发病，芽根变褐，鞘叶上有褐斑或扭曲、腐烂。种子或根有粉红色霉状物，在苗床上呈点、块分布。

（2）基腐　多发生在立针至二叶期，病苗心叶枯苗，茎基部变褐色，叶鞘有时有褐斑，根系变黄或变褐，茎的基部逐渐变成灰色，腐烂。用手提苗时茎与根脱离、易拔断，在苗床上呈不规则簇生。

（3）黄枯　病苗多发生在三叶以前，叶片呈淡黄色，并有不规则的褐色斑点，病苗较健苗矮小，心叶卷曲，前期早晨叶尖无水珠，后期干枯死亡，在苗床上可成片发生。

（4）青枯　多发在三叶以后，发病初期光合产物在叶片中积累，叶片发青，发病中期早晨叶尖无水珠，中午打卷，心叶卷筒状，早晚恢复正常，发病后期稻苗萎蔫而死。用手提苗时可连根拔出，在苗床上成片或成床发病，为害严重。

3. 水稻立枯病防治方法

药剂防治。每平方米苗床用50%立枯净1.2克对水3千克喷洒，或每平方米用42%立枯一次净1~1.5克对水3千克喷洒，或每平方米用75%恶霉灵1克对水3千克喷洒，或50%立枯净100克对水250千克喷洒100平方米。水稻苗1叶1心时可再浇灌1次，效果更佳。

喷洒生根粉。选用6号ABT生根粉，每0.2克对水30千克喷40平方米苗床，促进秧苗根系生长。

移栽前搞好通风炼苗，提高秧苗抗性。

二、水稻恶苗病

水稻恶苗病又叫"徒长病",俗称公稻子。苗期发病病苗比健苗细高,叶片叶鞘细长,叶色淡黄,根系发育不良,部分病苗在移栽前死亡。在枯死苗上有淡红或白色霉粉状物,即病原菌的分生孢子。湿度大时,枯死病株表面长满淡褐色或白色粉霉状物,后期生黑色小点即病菌囊壳。病轻的提早抽穗,穗形小而不实。抽穗期谷粒也可受害,严重的变褐,不能结实,颖壳夹缝处生淡红色霉,病轻不表现症状,但内部已有菌丝潜伏。

防治方法

选用无病的种子留种。

严格消毒种子。

用50%多菌灵100克,加水50千克浸种;或35%恶苗灵120克,加水50千克浸种;或3%生石灰水浸种48小时。药液浸种必须注意的是,液面一定要高出种子层面15～20厘米,供种子吸收。同时,在浸种过程中,药液面保持静止状态,中途不能搅拌,也不能重复使用,以保证闷死病菌。

发现病株应及时拔掉,防止扩大侵染。

妥善处理病稻草,不能随便乱扔,也不能堆放在田边地头,不能作种子催芽的覆盖物,不能用来捆扎秧把,可集中高温堆沤,严重的火烧。

三、水稻绵腐病

在水稻播种后5～6天就有发生,主要为害幼根和幼芽。最初在稻谷颖壳裂口处,或幼芽的胚轴部分出现乳白色胶状物,逐渐向四周长出白色棉絮状菌丝,呈放射状,后常因氧化铁沉淀或藻类、泥土黏附而呈铁锈色、绿褐色或泥土色。受侵稻种内部腐烂，不能萌发，病株则因基部腐烂而枯死。

1. 防治方法

严格种子精选，严防糙米和破损种子下地。

适时播种，提高整地质量，避免冷水、污水灌溉。发生绵腐病时及时晾田防治。

2. 药剂防治

70%敌克松1 000倍液或硫酸铜1 000倍液喷雾即可。

四、水稻稻瘟病

1. 稻瘟病病原菌及发病特点

稻瘟病的病原为稻梨孢菌，属半知菌亚门。以分生孢子和菌丝体在稻草（节和穗颈）、病秕谷和种子上越冬。菌丝发育的温度范围为 8 ~ 37℃，以 26 ~ 28℃为最适。分生孢子形成的温度范围为 10 ~ 35℃，以 25 ~ 28℃为最适，孢子的形成以饱和湿度时为最适。分生孢子萌发所需要的温度与分生孢子形成的相似，所需最短时间为 0.5 ~ 1 小时，但在 10 ~ 15℃时不萌发。对湿度的要求，在 96%以上的相对湿度并有水滴存在时孢子萌发良好。相对湿度低于 90%不能萌发。而且孢子萌发必须有水滴存在，否则即使在相对湿度为 100%时，萌芽率也大约 1.5%。

孢子飞散从 16：00 开始，高峰期在 2：00，天气晴朗的白天中午没有孢子飞散，如下小雨则白天也有孢子飞散。分生孢子的形成要求光、暗交替的条件。稻瘟病菌很容易发生变异，存在不同的生理小种。

（1）苗瘟 发生于秧苗三叶期前，主要由种子带菌引起，病苗基部变黑褐色，上部呈黄褐色或淡红褐色而枯死。潮湿时病苗表面常有灰绿色霉层。

（2）叶瘟　发生于三叶期后的秧苗或成株叶片上，一般从分蘖至拔节期盛发，叶上病斑常因天气和品种抗病力的差异，在形状、大小、色泽上有所不同，可分为慢性型、急性型、白点型和褐点型4种，其中以前两种为害最重要。慢性型病斑，呈菱形或纺锤形，一般长1～1.5厘米，宽0.3～0.5厘米，红褐色至灰白色，两端有坏死线。急性型病斑近圆形或不规则形，暗绿色，病斑背面密生灰色霉层。急性病斑的出现可视为田间病害大流行的先兆。

（3）节瘟　发生于茎节上，黑色，病节干缩凹陷，易折断。潮湿时生灰色霉状物。

（4）穗颈瘟　发生在穗颈、穗轴及枝梗上，病部成段变褐坏死，穗颈、穗轴易折断成白穗。群众称之为“吊颈瘟”。

2. 水稻稻瘟病防治方法

一方面要选择抗病品种，科学施肥，坚持配方施肥，另一方面要采取化学防治。

化学药剂防治总体策略为抓叶瘟、狠抓穗瘟，特别注意喷药保护感病品种和处于易感期的稻田，在叶瘟发生初期应及早施药控制发病中心，并对周围稻株或稻田施药保护，但施药重点应放在预防为害性大的穗颈瘟和枝梗瘟上，在孕穗末期、始穗期和齐穗期各施药一次，如果气候条件有利于病菌形成和侵染，在灌浆期再施药一次。可选择下列药剂。

每公顷用30%稻病宁可湿性粉剂750克对水常规喷雾。

每公顷用40%富士1号乳油900～1 050毫升对水常规喷雾。

每公顷用13%稻洁可湿性粉剂900～1 200克对水600～750千克喷雾。

每公顷用20%三环唑可湿性粉剂1 500克对水常规喷雾。

五、水稻纹枯病

纹枯病主要为害叶鞘，也能为害叶片、茎秆和稻穗。叶鞘发病，首先在近水面处产生暗绿色水渍状小斑点，逐渐扩大成椭圆形，并可相互汇合成云纹状大斑。病斑边缘明显，褐色，中间褪为淡绿色或淡褐色，最后变成灰白色。水稻纹枯病主要破坏输导组织，轻则影响谷粒灌浆，形成大量秕谷，出现白穗；重则不能抽穗，引起倒伏，甚至使植株腐烂枯死。一般发病可减产5% ~10%，严重发生减产30% ~50%。水稻纹枯病主要在分蘖至抽穗期发生。

1. 水稻纹枯病病原菌及发病特点

水稻纹枯病是一种真菌性的病害。病菌主要以菌核的形式在土壤越冬。也能以菌丝体在病残体上或在田间杂草等其他寄主上越冬。翌春春灌时菌核漂浮于水面与其他杂物混在一起，插秧后菌核黏附于稻株近水面的叶鞘上，条件适宜生出菌丝侵入叶鞘组织为害，逐渐形成病斑并长出气生菌丝又侵染邻近植株。水稻拔节期病情开始激增，病害向横向、纵向扩展，抽穗前以叶鞘为害为主，抽穗后向叶片、穗颈部扩展。田间越冬菌核残留量越多，发病越重；一般老稻区发病重，新稻区发病轻；水稻纹枯病适宜在高温、高湿条件下发生和流行。生长前期雨日多、湿度大、气温偏低，病情扩展缓慢，中后期湿度大、气温高，病情迅速扩展，后期高温干燥抑制了病情。气温20℃以上，相对湿度大于90%，纹枯病开始发生，气温在28 ~32℃，遇连续降雨，病害发展迅速。气温降至20℃以下，田间相对湿度小于85%，发病迟缓或停止发病。另外，插秧密度大，长期深灌过量，过迟或过量单一施用氮肥、缺少磷、钾、锌肥，使水稻抗病性降低，有利于病害的发生，水稻纹枯病也就严重。

2. 水稻纹枯病防治方法

消除菌核。实行秋翻，把撒落在地表的菌核深埋在土中。在春季灌水耙田和平田插秧前，用布网等工具打捞浮渣，铲除田边池埂及田间杂草，消灭野生寄主，减少菌源。

改进栽培技术。根据土壤肥力和品种特性，实行合理密植，提倡稀育稀植栽培。施足底肥，增施磷、钾、锌肥，适量分期追施氮肥。浅水灌溉，适时排水晒田，降低株间温度，控制植株疯长，减轻为害。

药剂防治。当穴发病率达20%时，可作为药剂防治指标，时期以抽穗前后为宜。主要药剂有5%井冈霉素水剂，每公顷用1 500毫升，加水1 125千克，进行叶面喷雾；或70%甲基托布津可湿性粉剂，每公顷1 125克；或50%多菌灵可湿性粉剂，每公顷1 125克，对水1 125千克叶面喷雾。

六、水稻稻曲病

水稻抽穗扬花期感病，病菌为害穗上部分谷粒。初见颖谷合缝处，露出淡黄绿色块状物，逐渐膨大，最后包裹全颖壳，形状比健谷粒大3～4倍，为墨绿色，表面平滑，后开裂，散出墨绿色粉末，即病菌的厚垣孢子。

1. 水稻稻曲病病原菌和发病条件

稻曲病是水稻后期发生的一种真菌性病害，近年来在各地稻区普遍发生，且逐年加重，已成为水稻主要病害之一。水稻稻曲病仅在水稻开花以后至乳熟期的穗部发生且主要分布在稻穗的中下部。稻曲病使稻谷千粒重降低、产量下降，秕谷、碎米增加，出米率、品质降低。此病菌含有人、畜、禽有毒物质及致病色素，对人可造成直接和间接的伤害。

发病条件：天气与稻曲病发生关系密切。连续多雨高湿的天气多，则稻曲病的发生就重。

品种差异与发病轻重有一定关系，通系品种发病率高。

栽培管理的好坏与发病轻重也有一定关系，氮肥施用过多，造成水稻贪青晚熟，会加重病害的发生，病穗、病粒亦相应增多。

与病原菌基数也有一定关系。上一年发病重的地块，有可能发生的就重。种子带菌多的、发病有可能重。

2. 水稻稻曲病防治方法

（1）防治时机　一般要求用药两次，第一次全田 1/3 以上茎秆最后一片叶子全部抽出，即俗称"大打包"时用药（距出穗时间 5 ~ 7 天），此时正是病菌的初侵染高峰期，所以，这时抓住时机及时用药，防治效果最好。第二次在破口始穗期再用一次药，以巩固和提高防治效果。

（2）防治药剂　①5% 井冈霉素水剂每亩 300 毫升或 20% 井冈霉素晶粉亩用 25 ~ 50 克；②25% 稻曲清可湿性粉剂亩用 40 ~ 60 克；③20% 粉锈宁可湿性粉剂亩用 75 ~ 100 克；④18% 多菌酮可湿性粉剂亩用 150 ~ 200 克。

七、水稻胡麻斑病

又称水稻胡麻叶枯病。全国各稻区均有发生。从秧苗期至收获期均可发病，稻株地上部均可受害，以叶片为多。种子芽期受害，芽鞘变褐，芽未抽出，子叶枯死。苗期叶片、叶鞘发病多为椭圆病斑，如胡麻粒大小，暗褐色，有时病斑扩大连片成条形，病斑多时秧苗枯死。成株叶片染病初为褐色小点，渐扩大为椭圆斑，如芝麻粒大小，病斑中央褐色至灰白，边缘褐色，周围有深浅不同的黄色晕圈，严重时连成不规则大斑。病叶由叶尖向内干枯，潮褐色，死苗上产生黑色霉状物（病菌分生孢子梗和分生孢子）。叶鞘上染病，病斑初椭圆形，暗褐色，边缘淡褐色，水渍状，后变为中心灰褐色的不规则大斑。穗颈和枝梗发病，受害部暗褐色，造成穗枯。谷粒染病，早期受害的谷粒灰黑色扩至全粒造成秕谷。后期受害病斑小，边缘不明显。病重谷粒质脆易碎。气候湿润时，上述病部长出黑色绒状霉层，即病原菌分生孢子梗和分生孢子。

1. 水稻胡麻斑病传播途径和发病条件

病菌以菌丝体在病残体或附在种子上越冬，成为翌年初侵染源。病斑上的分生孢子在干燥条件下可存活2～3年，潜伏菌丝体能存活3～4年，菌丝翻入土中经一个冬季后失去活力。带病种子播后，潜伏菌丝体可直接侵害幼苗，分生孢子可借风吹到秧田或本田，萌发菌丝直接穿透侵入或从气孔侵入，条件适宜时很快出现病症，并形成分生孢子，借风雨传播进行再侵染。高温高湿、有雾露存在时发病重。酸性土壤，沙质土，缺磷少钾时发病。旱秧田发病重。菌丝生长温度5～35℃，24～30℃最适，分生孢子形成温度8～33℃，30℃最适。萌发温度2～40℃，24～30℃最适。孢子萌发须有水滴存在，相对湿度大于92.5%。饱和湿度下25～28℃，4小时就可侵入寄主。

2. 水稻胡麻斑病防治方法

深耕灭茬，压低菌源。病稻草要及时处理销毁。

选在无病田留种或种子消毒。

增施腐熟堆肥做基肥，及时追肥，增加磷钾肥，特别是钾肥的施用可提高植物抗病力。酸性土注意排水，适当施用石灰。要浅灌勤灌，避免长期水淹造成通气不良。

药剂防治参见水稻稻瘟病。

第二节　水稻主要虫害识别与防治

水稻主要虫害有：水稻潜叶蝇、水稻负泥虫、水稻二化螟、稻纵卷叶螟、稻摇蚊。

一、水稻潜叶蝇

成虫：体长 2 毫米，体为青灰色或暗灰色。额面银白色，复眼黑褐色，有金绿色光泽。触角黑色，具 5 根刺毛。前、中胸界限不明显，其背面有刺毛 6 行。前翅淡黑色透明，后翅退化成黄色平衡棍。腹部略呈心脏形，无斑纹，有很多刺毛。

卵：长圆柱形，乳白色，表面光滑。

幼虫：体长 4 毫米左右，身体乳白色有黄白色、为圆筒形，稍扁平，头尾两端较细。口钩黑色，各体节有黑褐色短刺围绕。尾端呈截断状，有两个黑色凸起，在其周围生有黑褐色短刺。

蛹：体长 3 毫米，褐色可黄褐色。各体节有黑褐色短刺围绕，腹部中央短刺带稍宽。尾端有两个黑褐色的尖锐凸起，其周围生有黑褐色短刺。

水稻潜叶蝇为害症状及防治方法

（1）为害症状　大多数初孵幼虫头部伸出卵壳后，即以锐利的口钩咬破稻叶表皮，侵入组织内，并边潜行边食叶肉，做成不规则弯曲的潜道，招致水稻浸水和病菌滋生，所以，受害叶片常腐烂为水浸状或烫熟状。

（2）防治方法　适时进行浅水灌溉。通过促苗生长，保持秧苗叶片直立，可以减少成虫产卵机会和造成幼虫缺水而死，达到减轻为害的目的。对于潜叶蝇发生严重的地块，可采取排水晒田的办法达到除虫效果。及时进行药剂防治。该害虫防治的最佳时期应在 6 月上旬，对于发生及为害较重的地块，可采用 10% 吡虫啉可湿性粉剂，每公顷 0.3～0.5 千克对水喷雾，或每亩用 30% 速克毙 20～30 毫升对水喷雾。

二、水稻负泥虫

水稻负泥虫的成虫体长 3.7～4.6 毫米，体宽 1.6～2.2 毫米。头、触角（基部两节橙红色）、小盾片钢蓝色或接近黑色。前胸背板（除前缘与头同色外）、足大部（基节、胫端及跗节黑色）橙红色。鞘翅深蓝并带金属光泽。体腹面一般黑色。背面光洁无毛。头、触角和体腹面被金黄色毛。头具刻点；头顶后方有一纵凹，触角长度达体长的 1/2。前胸背板长大于宽，前后缘接近平直，两侧前部近于平行，中部以后收狭，基横凹不深，正中央有一短纵沟，横凹前微隆；刻点较密，其凹处更为明显，中纵线有 2 行排列极不规则的刻点；小盾片倒梯形，表面无刻点。鞘翅两侧缘近平直，肩胛内侧有一浅凹；刻点行整齐，基部和末行刻点较粗大，行距平坦；小盾片刻点行整齐，有 3～6 个刻点。卵长椭圆形，长约 0.7 毫米。幼虫近于梨形，背面明显隆起。

水稻负泥虫防治方法

（1）农业防治　结合积肥，消除田边、路旁及沟边的杂草，消灭越冬寄主，减少虫源；培育壮秧，提高秧苗抗虫能力。

（2）人工扫虫　在清晨露水消失前。田间放大水（大水漫灌），用扫帚将叶片上的负泥虫轻轻扫落至水中，连续 3～4 天，每天 1 次，可达到 95% 以上的防虫效果。

（3）药剂防治　采用内吸与触杀型杀虫剂混用的方法。

田间放小水（田间正常管理），防治成虫要在成虫大量迁入稻田、温度较高的中午进行。防治幼虫应在田间孵化 70% ~ 80%，幼虫小米粒大小时进行。使用药剂有 40% 氧化乐果 600 倍液与 90% 晶体敌百虫 1 000 倍液，或与 50% 辛硫磷 1 000 ~ 1 500 倍液，也可与 2.5% 敌杀死混合喷雾，每公顷 600 ~ 750 千克药液。

三、水稻二化螟

成虫：体长 10 ~ 15 毫米，翅展 20 ~ 31 毫米，前翅近长方形。雌蛾前翅灰黄至淡褐色，外缘有 7 个小黑点，后翅白色。雄蛾体稍小，翅色较深，翅面有一些褐色不规则斑点，翅外缘也有 7 个小黑点，后翅白色。

卵：扁椭圆形，初产时乳白色，渐变黄褐色，近孵化时为紫黑色。卵块多为长带状，卵粒呈鱼鳞状排列，上盖透明胶质物。

幼虫：一般 6 龄，老熟时体长 20 ~ 30 毫米。头部淡红褐色或淡褐色，胴部淡褐色，背面有 5 条紫褐色纵线。

蛹：初为黄褐色，腹部背面有 5 条棕色纵线，以后蛹变为红褐色，纵线渐消失。

1. 水稻二化螟生活史

二化螟以幼虫在稻桩、稻草、茭白、玉米等根茬或茎秆中越冬。春季，老熟幼虫化蛹羽化时间不一致，常形成多次蛾峰。成虫夜晚活动，有趋光性，喜在高大、茎粗、叶色浓绿的稻田产卵，在分蘖期和孕穗期的稻田产卵较多，水稻生长前期，卵多产在叶片正面离叶尖 3 ~ 7 厘米处，圆秆拔节后，卵多产在离水面 7 ~ 10 厘米的叶鞘上。蚁螟先群集在水稻叶鞘内侧为害，造成"枯鞘"，这是早期为害的重要标志。二龄后，开始分散蛀茎，造成枯心或白穗。老熟后，在稻茎基部或茎与叶鞘之间化蛹。它的蛀茎能力很强，侵入率和存活率以孕穗期及分蘖期最高，其他生育期也能蛀茎为害。二化螟抗寒力很强，且耐旱、耐淹。灌水时幼虫可逃逸至田埂而不易被淹死。幼虫抗高温能力弱，30℃以上对其发育不利，在35℃以上，卵不能孵化，幼虫多死亡。寄主作物种类多，尤其是茭白较多的地方，有利于其繁殖为害，杂交稻田，其发生量大。天敌对二化螟的自然控制能力较强，已知的寄生蜂有29种，一般的寄生率达40%以上，还有寄生蝇、寄生菌和线虫等，与捕食性天敌，对其共同起抑制作用。

2. 水稻二化螟为害特点

水稻分蘖期受害出现枯心苗和枯鞘；孕穗期、抽穗期受害出现半枯穗和虫伤株，秕粒增多，遇大风易倒折；二化螟为害时幼虫先群集在叶鞘内侧蛀食为害，叶鞘外面出现水渍状黄斑，后叶鞘枯黄，叶片边缘渐死，称为枯鞘期，幼虫蛀入稻茎后，剑叶尖端变黄，严重的心叶枯黄而死，受害茎上有蛀孔，孔外虫粪很少，茎内虫粪多，黄色，稻秆易折断。"枯心苗"及"白穗"是其为害后稻株主要症状。

3. 水稻二化螟防治方法

化学防治是当前控制水稻二化螟为害的重要措施，由于二化螟是钻蛀性害虫，一旦幼虫蛀入茎秆内，一般药剂防治较差。根据调查，二化螟幼虫从孵化到蛀入茎秆需要大约半个月时间，所以，这段时间药剂防治能达到理想的效果。一般在6月末喷施一次药剂，在7月中旬再喷施第二次药剂进行防治。当前主要用药有：20%杀虫双水剂每亩150～200克对水喷雾或泼浇，也可拌土撒施。5%杀虫双颗粒剂每亩1 000克撒施。20%三唑磷乳油每亩100～150毫升，对水进行喷雾。50%杀螟松乳油每亩50～100毫升，对水进行喷雾。

四、稻纵卷叶螟

成虫：长7~9毫米，淡黄褐色，前翅有两条褐色横线，两线间有1条短线，外缘有暗褐色宽带；后翅有两条横线，外缘亦有宽带；雄蛾前翅前缘中部，有闪光而凹陷的"眼点"，雌蛾前翅则无"眼点"。

卵：长约1毫米，椭圆形，扁平而中稍隆起，初产白色透明，近孵化时淡黄色，被寄生卵为黑色。

幼虫：老熟时长14~19毫米，低龄幼虫绿色，后转黄绿色，成熟幼虫橘红色。

蛹：长7~10毫米，初黄色，后转褐色，长圆筒形。

1. 稻纵卷叶螟为害症状

以幼虫为害水稻，初孵幼虫先在心叶、叶鞘内或叶片表面取食叶肉。2龄以后吐丝缀稻叶两边叶缘，纵卷叶片成圆筒状虫苞，幼虫藏身其内啃食叶肉，留下表皮呈白色条斑。水稻苗期受害重的稻苗枯死；分蘖期受害，分蘖减少，生育期推迟，抽穗不完全；穗期受害，影响正常抽穗结实，瘪谷率增加，千粒重降低，导致严重减产。以孕、抽穗期受害损失最大。

2. 稻纵卷叶螟防治方法

（1）农业防治　选用抗（耐）虫水稻品种，合理施肥，使水稻生长发育健壮，防止前期猛发旺长，后期贪青迟熟。科学管水，适当调节搁田时间，降低幼虫孵化期田间湿度或在化蛹高峰期灌深水2~3天，杀死虫蛹。

（2）保护利用天敌，提高自然控制能力　我国稻纵卷叶螟天敌种类多达80余种，各虫期均有天敌寄生或捕食，保护利用好天敌资源，可大大提高天敌对稻纵卷叶螟的控制作用。

（3）化学防治　根据水稻分蘖期和穗期易受稻纵卷叶螟

为害，尤其是穗期损失更大的特点，药剂防治的策略，应狠治穗期受害代，不放松分蘖期为害严重的原则。常用药剂：杀虫双、杀虫单、特杀螟、三唑磷等。

五、稻摇蚊

水稻稻摇蚊别名：红虫子、红线虫。成虫为小型蛾子，翅短于身体，停息时前足举起，上下摇摆，幼虫红色或淡黄色，前胸腹面有一肢状凸起。稻摇蚊每年发生 2~3 代，第一代为害水稻，以卵或成虫在杂草中越冬。成虫于第二年 5 月上旬出现，5 月下旬产卵，3~4 天卵孵化为幼虫并为害。以幼虫为害水稻的幼根和幼芽，主要是在水稻移栽后幼虫咬食幼根，造成浮苗、黄苗甚至枯死。

稻摇蚊防治方法

（1）农业防治　排水晒田 2~3 天，可抑制稻摇蚊虫的为害。

（2）药剂防治　用 90% 晶体敌百虫 10~15 克，加水 10~15 千克，在水深 4 厘米左右时喷在稻丛中。

把田水排干后，停 1 天，在进水口挂一个装有敌百虫的小袋灌溉，当灌溉水深 3~4 厘米时停灌，堵上进水口，12 小时后可杀死幼虫。

每亩用 5% 甲拌磷颗粒剂 1 千克，拌 15 千克土（沙）扬撒，可以兼治其他害虫，效果很好。

第三节　水稻主要杂草防治

吉林省稻田杂草总计：49 科，116 属，171 种。吉林省恶性杂草有 10 科 17 种。例如：稗草、扁秆藨草、三棱藨草、牛毛毡、狼把草、疣草、泽泻、野慈姑、眼子菜、鸭舌草、雨久花、陌上菜、浮萍、小茨藻、水绵等。

一、水田杂草的化学防除技术

1. 苗田除草技术

现行育苗技术以高台营养钵盘旱育苗、大地或庭院营养钵盘旱育苗为主，苗田杂草大部分由客土携带的杂草种子而生。除草方式主要是土壤处理，即在播种覆土后喷雾或毒土封闭，后期如有旱生杂草，采取茎叶处理进行除草。封闭用药剂主要有丁扑混剂、丁恶混剂和丁草胺单剂：丁扑混剂，如吉林省通化市农业科学研究院生产的45%封闭一号乳油，每亩制剂用量为200毫升，对水40千克喷雾；丁恶混剂，如江苏省农药研究所生产的丁恶乳油，每亩制剂用量为125毫升，对水60千克喷雾；丁草胺单剂，每亩用60%丁草胺乳油100~150毫升，对水60千克喷雾。

秧苗出土后如有杂草发生或因土壤封闭药效不理想仍有杂草时，可采用茎叶施药方法，即在秧苗2.0叶期左右杂草发生时打开薄膜通风，晾干秧苗上的水珠后，用25%稻杰乳油（美国陶氏益农公司生产）80~100毫升对水40千克，喷雾，待秧苗茎叶上的药液略干再闭合薄膜。使用茎叶施药方法，不仅除草效果好，而且对秧苗安全。

2. 本田除草技术

本田杂草化学防除工作分为3个关键期：一是插前封闭期，二是插后封闭期，三是除草补救期。

插前封闭，即于灌水泡田后，插秧前7天左右施除草剂，进行土壤处理，将杂草消除在萌芽期。插前封闭是盘锦地区近些年来常用的除草方法，施药后田间水量充足，有利于药效的发挥。插后封闭，即对于插前未实施除草剂封闭的稻田，在插秧后 5～7 天，缓苗后，稗草 1 叶 1 心期前及时施药防除杂草。除草补救，即在插秧后 15～20 天，对插前或插后封闭后新出杂草或未能有效防除的大龄稗草和莎草科杂草及阔叶杂草等，采用除草剂进行防治。

插前或插后封闭用药的配方，即杀稗剂和杀阔叶草及莎草科杂草药剂混用，其中，常用杀稗剂主要有丁草胺、马歇特（丁草胺）、禾大壮（禾草特）、农思它（噁草酮）等，其他除草效果较好的药剂品种如稻思达（快噁草酮）、艾割（环庚草醚）、阿罗津（莎稗磷）、苯噻草胺等也有少量应用，杀阔叶草及莎草科杂草药剂主要有吡嘧磺隆和苄嘧磺隆，商品名主要有草克星、一克净、水星和威农、农得时、超畏、威龙等。除草补救期药剂的选择主要针对大龄稗草和莎草科杂草及阔叶杂草，因此主要是快杀稗（二氯喹磷酸）和吡嘧磺隆、苄嘧磺隆共同使用。

施药方法：采用拌毒土撒施，每亩所施毒土量为 15～20 千克，可有效防除水田禾本科杂草、莎草科杂草及阔叶杂草。

二、水田化学除草的几点注意事项

一是避免盲目用药情况的发生。有些农民不按药剂应用说明用药，将旱田除草剂用到水田、将要求插后应用的药进行插前封闭等情况都曾发生，并因而造成严重药害。

二是掌握施药时的特定外界条件。除草剂施用时的外界条件必须严格掌握，否则不但会影响药效，还易产生药害。如：毒土法施药必须保持 3 厘米以上水层 7 天；喷雾法施药要保证在 1～2 天内复水；在刚施过除草剂的稻田，水层必须控制在心叶以下，不能淹没；施药要避开大风天气和高温时段（气温高于28℃严禁施药)。

三是掌握药害产生后必要的补救措施。施用除草剂产生药害后,一般有以下4种补救措施:①加强肥水管理,通过排、换水稀释田里的药剂含量,减少药剂危害,通过合理施肥提高稻株的生长势和抗逆性;②针对不同除草剂药害,及时喷施药害补救剂如亚硫酸氢钠、芸薹素内酯等,以提高稻株的抗逆性;③及时补苗;④对无法补救的田块,可更换对药剂不敏感的作物种类。

第四章 大豆病虫草害识别与防治

第一节 大豆病害识别与防治

一、大豆病毒病

春大豆发病后，先是上部叶片出现淡黄绿相间的斑驳，叶肉沿着叶脉呈泡状凸起，接着斑驳皱缩越来越重，叶片畸形，叶肉凸起，叶缘下卷，植株生长明显矮化，结荚数减少，荚细小，豆荚呈扁平、弯曲等畸形症状。发病春大豆成熟后，豆粒明显减小，并可引起豆粒出现浅褐色斑纹。包括轻花叶型、皱缩花叶型、顶枯型、矮化型、黄斑型、褐斑粒等。

1. 大豆病毒病发病规律

带毒种子是初侵染主要来源，田间传播主要是蚜虫传染造成的，能传毒的蚜虫种类很多，包括豆蚜、棉蚜、桃蚜和玉米缢管蚜等常见的蚜虫。种子带毒率常高达50%，种子中的病毒可存活两年以上。种子带毒率高，蚜虫发生较早、数量较多，气温为25～30℃，较干旱的条件下病害发生较重。

2. 大豆病毒病防治方法

（1）选用抗病品种，建立无病留种田，选用无褐斑、饱满的豆粒作种子。

（2）加强肥水管理，培育健壮植株，增强抗病能力。

（3）及早防治蚜虫，从小苗期开始就要进行蚜虫的防治，防止和减少病毒的侵染。

（4）药物防治。使用化学药剂防治春大豆病毒病应从苗期开始，这样才能提高防效。可结合苗期蚜虫的防治施药。药剂可选用 20% 病毒 A 500 倍液或 1.5% 植病灵乳油 1 000 倍液或者 5% 菌毒清 400 倍液，连续使用 2~3 次，隔 10 天 1 次。

二、大豆霜霉病

大豆霜霉病主要表现在叶片和豆粒上。当幼苗第一对真叶展开后，沿叶脉两侧出现褪绿斑块，有时整个叶片变淡黄色，天气潮湿时，叶背面密生灰白色霜霉层，即病原菌的胞囊梗和孢子囊。成株期叶片表面出现圆形或不规则形边缘不清晰的黄绿色病斑，后期病斑变褐色。叶背病斑上也生灰白色至灰紫色霜霉层。最后叶片干枯死亡。豆荚表面无明显症状。豆荚内豆粒表面附着一层白色菌丝层，其中含有大量的病菌卵孢子。

1. 大豆霜霉病发病规律

病菌以卵孢子在病残体上或种子上越冬。种子上附着的卵孢子是最主要初侵染源，病残体上的卵孢子侵染机会少。卵孢子随种子发芽而萌发，产生游动孢子，从寄主胚轴侵入，进入生长点，向全株蔓延成为系统侵染病害，病苗则成为再侵染源。气温 15℃，带病种子上卵孢子的发芽率高达 16%，20℃时为 1%，25℃时则不发芽，综上原因，东北、华北发病较南方长江流域重。

2. 大豆霜霉病防治方法

（1）选用抗病品种。

（2）种子处理　清除病粒，进行种子处理，晾干后播种。

（3）药剂防治　落花后用 72% 杜邦克露可湿性粉剂 800 倍液或 3% 多抗霉素可湿性粉剂 600 倍液或 65% 代森锌可湿性

粉剂 500 倍液或克露 600 倍液喷雾。

三、大豆胞囊线虫病

大豆胞囊线虫病主要为害大豆根尖。豆根受线虫刺激，形成节状瘤，拔起病株可看到根系不发达，根瘤稀少。根部可见到白色或黄白色的小颗粒，即线虫的胞囊，后期胞囊颜色变深，为褐色。病瘤大小不等，形状不一，有的小如米粒，有的形成"根结团"，表面粗糙，瘤内有线虫。病株矮小，叶片黄化，严重时植株萎蔫枯死，田间成片黄黄绿绿，参差不齐。

1. 大豆胞囊线虫病发病规律

大豆根结线虫以卵在土壤中越冬，带虫土壤是主要初侵染源。在大豆上，繁殖适温 24～35℃，一季大豆 3～4 代，以第一代为害最重。是一种定居型线虫，由新根侵入，温度适宜随时都可侵入为害。连作大豆田发病重。偏酸或中性土壤适于线虫生育。沙质土壤、瘠薄地块利于线虫病发。

2. 大豆胞囊线虫病防治方法

（1）轮作　与非寄主植物进行 3 年以上轮作。

（2）适当免耕　免耕可减少病源传播，从而减轻发病。

（3）因地制宜地选用抗线虫病品种。同一地区不宜长期连续使用同一种抗病品种。

（4）药剂防治

①拌种：用种子重量 0.1%～0.2% 的 1.5% 菌线威颗粒剂，对过筛湿润细土 100～200 倍，拌种后可直接播种。

②土壤处理：要求将药剂施于表层 20 厘米的土壤中，与种子分层实用。在播前 15～20 天沟施，用细土拌匀后施入土中。注意：应严格控制施药量，以免产生药害；以上农药毒性均较大，使用时严禁加水制成悬浮液直接喷洒。

四、大豆菟丝子

菟丝子将幼茎缠绕于大豆的茎上，常把植株成簇地盘绕起来，受害后大豆生长停滞、生育受阻，植株矮小，颜色发黄，极易凋萎。茎上被黄色的细藤缠绕着，这些丝茎将吸根伸入豆秆皮内，夺取养分和水分，最后使大豆植株变黄或枯死。田间发生后，由1株缠绕形成中心向四周扩展，大豆往往成片、成塘枯黄死亡，颗粒无收。

1. 大豆菟丝子发病规律

菟丝子种子混入寄主种子里，并随有机肥在土壤中越冬，混在大豆种子里的菟丝子种子可远距离传播。此病为检疫对象。菟丝子抗逆性很强。气候不适土壤中的菟丝子种子不萌发，其种子在土壤内可保持发芽率5~7年。

2. 大豆菟丝子防治方法

（1）精选豆种　菟丝子种子很小，千粒重仅1克左右，通过筛选、风选皆可清除混杂在豆种中的菟丝子。不从有菟丝子区域购种，不在有菟丝子田间留种，切实做到以防种子传播。

（2）轮作换茬　菟丝子不能寄生于禾本科作物上，因此，换植禾本科作物轮作3年以上，有水源灌溉条件最好换种水稻实行水旱轮作1~2年，可消灭土壤里的菟丝子种子。

（3）人工拔除　大豆出苗后要经常踏田勘察，发现有菟丝子缠绕在大豆上，及时将该植株拔除出田，在拔除时需将清除的菟丝子残骸连同脱落在地面的断肢一并运出，远离大豆田集中销毁。

（4）土壤处理　48%地乐胺每亩250毫升或43%甲草胺每亩250毫升或72%都尔每亩150毫升或50%利谷隆每亩150

毫升，对水 30~50 千克均匀喷洒土壤表面。气候干旱墒情差，在大豆播前处理，处理后立即混土，把药混入 2~4 厘米土中，整好地再进行播种；雨水调和墒情好，则不需要混土，在大豆播后苗前直接处理将药喷洒于土表即可。

（5）茎叶处理　41% 农达 400 倍液或 10% 草甘膦 100 倍液或 25% 草胺磷 100 倍液或 48% 地乐胺 75 倍液，细雾均匀、充分透彻、对准靶标地喷施被害植株。防除时间应立足一个"早"字，适期是菟丝子缠绕开始转株为害时，最迟缠绕不得超过 3 株；防除要求应突出一个"准"字，药只能喷在有菟丝子为害的寄主上，力求注意风向，风力不得将药飘移或喷施于无菟丝子为害的大豆上，菟丝子的先端一定要着到药。

五、大豆灰斑病

大豆灰斑病又称褐斑病、斑点病或蛙眼病。大豆灰斑病对大豆叶、茎、荚、籽实均能造成为害，其中，对叶片和籽实的为害最重。子叶上病斑圆形、半圆形或椭圆形，深褐色，略凹陷。叶片上病斑多为圆形、椭圆形或不规则形，病斑中央灰白色，周围红褐色，与叶片健康部界限清晰，这是区分灰斑病与其他叶部病害的主要特征。气候潮湿时病斑背面有密集的灰色霉层，是病菌的分生孢子梗和分生孢子，严重时一个叶片上可生几十个病斑，使叶片提早脱落。

1. 大豆灰斑病发病规律

大豆灰斑病与温湿度关系。灰斑病菌孢子萌发温度是基础，湿度是关键，孢子萌发最低温度为 12℃，以 21~26℃ 为最适，超过 35℃ 萌发率明显降低。萌发的最低湿度为 65%~75%，湿度越大萌发率越高。

2. 大豆灰斑病防治方法

选择抗病品种由于品种选推压力作用，会引起生理小种变化，而使抗病品种丧失抗性，因此，要几个品种交替使用，延长品种的使用年限。

3. 药剂防治

（1）40%多菌灵胶悬剂，每亩100克，稀释成1 000倍液喷雾。

（2）50%多菌可湿性粉或70%甲基托布津，每亩100～150克对水稀释成1 000倍液。

（3）2.5%溴氰菊酯乳油，每亩40毫升与50%多菌灵可湿性粉剂每亩100克混合，可兼防大豆食心虫。药剂防治要抓住防治时机，田间一次施药的关键时期是始荚期至盛荚期。

第二节　大豆虫害识别与防治

一、红蜘蛛

大豆红蜘蛛俗称火蜘蛛、火龙。大豆红蜘蛛以成虫、幼虫、若虫在叶背面吐丝结网吸食汁液，受害豆叶片初期呈黄白色白斑，逐渐变成灰白斑和红斑。受害叶片卷缩、枯焦脱落，重地块如火烧状，叶片脱落至光秆。受害豆株生长矮小，结荚少，豆粒变小。在东北一年发生十几代，以雌成虫在豆田枯叶下、杂草根部或土缝里越冬。刺吸口器为害，受害叶最初出现黄白色斑点，以后红蜘蛛吐丝结网，从而叶背出现红色斑块且有大量虫潜伏其中，受害叶造成局部以至全部卷缩、枯黄、脱落甚至光秆。大豆红蜘蛛的主要天敌有七星瓢虫、草蛉、食虫蓟马、长蝽和蜘蛛等。

1. 红蜘蛛发生规律

当气温升到 10℃ 以上孵化幼虫，先在蒲公英、车前草、小蓟等杂草上繁殖，6～7 月转到大豆上，在叶背上吐丝拉网群集，口器刺吸汁液。夏季低温、多雨，不利红蜘蛛繁殖；在高温干旱时，繁殖最快。成虫喜群集于大豆叶片背面，大豆红蜘蛛在耕作粗放、杂草多的田块发生较重，由于红蜘蛛善于爬行转移，所以常从田边点片发生，再蔓延全田。

2. 红蜘蛛防治方法

（1）农业防治　清除地头、路边及田间杂草和枯枝落叶，耕整土地以消灭越冬虫源。

（2）生物防治　大豆红蜘蛛的重要天敌有多种草蛉、蓟马、瓢虫和蜘蛛等，在田间捕食红蜘蛛，对其发生有一定抵制作用。

（3）药剂防治　发现有零星豆株叶片出现黄白斑为害状时，立即点片喷药防治。可选用 73% 克螨特乳油 1 500 倍稀释液，每亩用药液 50 千克。打药注意喷头朝上，上下喷透，喷匀。

二、大豆草地螟

幼虫食性极杂，嗜好豆科作物和甜菜，其他寄主植物有麻类、马铃薯、瓜菜类、玉米和高粱等。初龄幼虫取食叶肉，残留薄壁，进而造成缺刻或孔洞，3 龄后可尽啮叶片。严重时一株豆苗上可有数百头小幼虫，将叶片吃光，造成缺苗断条，导致大量豆苗死亡，常常吃光一块地，集体迁移至另一块地。食物缺乏时，可成群迁移，势如黏虫，其为害不可忽视。

1. 大豆草地螟发生规律

在我国每年发生 1～4 代，东北一般 2 代，各地区发生世代数和当地的气候以及海拔高度有关。各地以老熟幼虫在土中结丝质茧越冬，来年春季化蛹，羽化。一般情况下越冬代成虫在 5 月中下旬出现，6 月上中旬盛发，成虫（蛾）产卵前期4~5 天，1 代卵在 6 月上旬至 7 月下旬，卵期 4~6 天，1 代幼虫在 6 月下旬至 7 月上旬是严重为害期。幼虫 5 龄，幼虫期20 天，幼虫入土至羽化 14 天，1 代成虫在 7 中旬至 8 月为盛发期。2 代幼虫在 8 月上旬至 9 月上旬发生，一般为害不大，陆续入土过冬。

2. 大豆草地螟防治方法

（1）农业防治法

①灌溉、秋翻和深耕，消除杂草荒滩，可减轻和抑制草地螟的发生和为害；②在成虫产卵盛期后、卵未孵化前铲除田间杂草灭卵；③在受害田块周围或草滩邻近农田处挖沟，或用药剂设置 4~5 米宽的隔离药带（用药量要适当加大）。

（2）药物防治法

①15% 阿·毒乳油 1 200 倍液、4.5% 高效氯氰菊酯乳油1 500 倍液、0.3% 苦参素 4 号水剂 800 倍液，每公顷喷雾量300 升左右，防效均好，持效期长；②25% 绿色功夫乳油每公顷 300 毫升或 48% 毒死蜱乳油每公顷 450~600 毫升，2.5% 敌杀死乳油每公顷 150~200 毫升，5% 锐劲特悬浮剂每公顷 450毫升，各对水 450~600 升喷雾，杀虫效果很好。

（3）物理防治法

①频振杀虫灯诱杀。在成虫发生期采用佳多频振杀虫灯诱捕成虫，每隔 240 米设一盏灯；②采用黑光灯诱杀。成虫期在田间设置黑光灯，灯距 300 米。

三、大豆食心虫

大豆食心虫各地普遍发生，以幼虫蛀食毛豆、青大豆、野生豌豆等的豆粒，将虫粪排泄在豆荚内，影响产量和商品价值。常年虫食率为 10% ~ 20%，严重时可达 30% ~ 40%，甚至可达 80%，而且影响大豆品质，降低等级。

1. 大豆食心虫发生规律

成虫是一种仅为 5 ~ 6 毫米长的小蛾子，黄褐色或暗褐色。前翅暗褐色，沿前线有 10 条左右黑紫色短斜纹，斜纹周围黄色，近外缘有一块银灰色椭圆形斑，斑内有 3 个紫褐色小斑。后翅浅灰色，无斑纹。老熟幼虫体长 8 ~ 11 毫米，浅红色，头和前胸背部黄褐色。大豆食心虫每年发生 1 代。以老熟幼虫在地表 2 ~ 8 厘米土层内做茧越冬。第二年 7 月下旬破茧爬到地面，重新结茧化蛹。8 月份羽化出成虫，交配后在毛豆等嫩荚上产卵，7 天左右卵孵化出幼虫，并立即蛀入豆荚内为害豆粒。20 ~ 30 天后，幼虫老熟落入土中做茧越冬。

2. 大豆食心虫防治方法

大豆食心虫近年来发生为害有加重趋势，应加强预测预报，注意虫情变化，防治的关键可掌握在卵高峰后 3 ~ 5 天喷药，一旦幼虫已蛀入荚内就很难奏效了。一般杀虫剂如敌百虫、来福灵、功夫、敌杀死、溴氰菊酯等，在常用浓度范围内均有较好防治效果。

四、大豆蚜虫

大豆蚜是大豆的重要害虫，以成虫和若虫集中于植株顶叶、嫩叶和嫩茎上刺吸汁液，严重时布满茎叶，亦可为害嫩荚。受害叶片卷曲皱缩，生长缓慢，植株矮小，分枝及结荚减少，豆粒千粒重降低，苗期发生重时致整株死亡。大发生年若未及时防治，轻则减产 20% ~ 30%，重则减产达 50% 以上。在栽培作物中仅为害大豆，也能为害野生大豆和鼠李。

1. 大豆蚜虫发生规律

大豆蚜虫以卵在鼠李的枝条芽腋或缝隙间越冬，春季在鼠李开花前后，开始在鼠李上发生有翅蚜，迁飞到大豆田为害大豆幼苗。大豆蚜虫迁入豆田后第一代全部产生无翅蚜，第 2 代有些个体呈有翅蚜，大豆蚜大量产生有翅蚜后，即在豆田扩散迁飞。此后蚜量急剧上升，田间发生普遍，造成为害。大豆蚜繁殖能力强，若蚜在气候适宜时 5 天即能成熟，在大豆上全年可繁殖 15 代左右。

2. 大豆蚜虫防治方法

苗期预防。喷施 35% 伏杀磷乳油喷雾，用药量为 2 千克/公顷，对大豆蚜虫控制效果显著而不伤天敌。其他生育期防治。根据虫情调查，在卷叶前施药。20% 速灭杀丁乳油 2 000 倍液，在蚜虫高峰前始花期均匀喷雾，喷药量为 300 千克/公顷；15% 唑蚜威乳油 2 000 倍液喷雾，喷药量 150 千克/公顷；15% 吡虫啉可湿性粉剂 2 000 倍液喷雾，喷药量 300 千克/公顷。

第三节　大豆田除草技术

一、播种后出苗前除草

1. 杂草尚未萌发出土地块，对于大豆播种较早的地块，播种时杂草尚未萌芽出土，播种后可选用下列除草剂进行土壤封闭。

（1）48%广灭灵乳油每亩用量80～90毫升，对水30千克喷雾。

（2）43%豆乙合剂乳油每亩用量180～250毫升，对水30千克喷雾。

2. 杂草已经萌发生长地块，对于播种大豆较晚、播种时已经有杂草长出的地块，播种后可选用下列除草剂进行土壤封闭和杂草茎叶喷雾。

（1）每亩用48%广灭灵乳油80～90毫升加入41%农达水剂200～400毫升，对水30千克喷雾。

（2）每亩用43%豆乙合剂乳油180～250毫升加入41%农达水剂200～400毫升，对水30千克喷雾。如果长出的杂草均为1年生杂草，每亩可用20%百草枯水剂200毫升加入48%广灭灵乳油90毫升，对水30千克喷雾。

二、苗期化学除草

1. 禾本科和莎草科杂草为主地块的除草技术

（1）每亩用10%精喹禾灵乳油20～50毫升，对水30千克喷雾杂草。

（2）每亩用10.8%高效盖草能25～30毫升，对水30千克喷雾。

2. 阔叶杂草为主地块除草技术

（1）每亩用48%苯达松水剂150～180毫升，对水30千克喷雾杂草。

（2）每亩用10%利收乳油20毫升，对水30千克在晴天上午喷雾杂草茎叶。

3. 禾本科与阔叶杂草混生地块的除草技术

（1）每亩用10.8%高效盖草能乳油20～25毫升加入48%

苯达松水剂 150～180 毫升，对水 15 千克喷雾。

（2）每亩用 10.8% 高效盖草能乳油 20～25 毫升加入 24% 杂草焚水剂 35～45 毫升，对水 15 千克喷雾。

（3）每亩用 10% 精喹禾灵乳油 20～50 毫升加入 44% 克锈灵水剂 70～100 毫升，对水 15 千克喷雾。

禾本科、莎草科与阔叶杂草混生地块，每亩用 10% 利收乳油 20 毫升加入 48% 苯达松水剂 80 毫升再加入 10.8% 高效盖草能 20 毫升，对水 15 千克喷雾。

三、大豆田除草注意事项

大豆出苗前使用除草剂进行土壤封闭时，土壤应保持 80% 左右的含水量。过于干旱会影响封闭效果；过湿则容易使药液下渗，对作物种芽产生药害。

苗期使用化学除草剂，应在大豆幼苗长出 2～3 片复叶、杂草 2～4 叶期、大部分杂草出齐时为最佳施药期。

喷药要选择在气温低、湿度大的天气进行。最好在上午 10：00 时前、下午 2：00 时后喷洒，尽可能避开高温干燥的上午施药。应该在无风或微风天气喷药，尤其禁忌在大风天喷药。喷药时喷头要低，防止药液漂移，影响防治效果，或对相邻地块其他农作物造成药害。

喷药前要注意天气预报，避免喷药后 6 小时内降中到大雨，以免影响药效或对大豆种芽产生药害。

喷洒药液必须均匀周到，避免漏喷和重喷。

第五章 马铃薯主要病虫草害识别与防治

第一节 马铃薯的病害识别与防治

一、马铃薯晚疫病

为真菌性病害，主要为害叶片、茎、薯块，通常在开花前后出现病症。植株被侵染后，首先在叶尖或叶缘出现淡褐色水渍状病斑，边缘不明显，严重时病斑扩展到主脉、叶柄或茎，使叶片萎蔫下垂，最后整个植株变为焦黑。基部受害形成褐色条斑。薯块发病，病斑不规则，紫褐色，稍凹陷，组织变硬干腐，潮湿时变软腐烂，发出恶臭味。病菌主要在薯块中越冬，病部产生孢子囊借气流传播进行再侵染。病菌喜日暖夜凉高湿环境，空气潮湿或温暖多雾条件下发病重。

马铃薯晚疫病防治方法：

田间发病时最好发现中心病株及时喷施25%瑞毒霉可湿性粉剂800倍液，每10天左右喷施一次，2~3次即可控制病害发展。其次是用等量式波尔多液喷施防治，即500克硫酸铜，500克生石灰，50升水对成波尔多液，在发病时喷施也可收到较好的效果。田间晚疫病孢子侵入块茎，主要是通过雨水和灌水把植株上落下的病菌孢子随水带到块茎上造成的。在植株不抗晚疫病的品种时，尤其是块茎不抗病的，要注意加厚培土，使病菌不易进入土壤深处，以减少块茎发病的机率。在晚疫病开始流行时，对种植密度大、行距小、不能厚培土的地块，要在植株还未严重发病前把秧割掉，运出田间。作为留种的地块更应及早割秧，尽量防止病菌孢子侵入块茎，以免后患。

二、马铃薯早疫病

主要为害叶、叶柄和块茎。受害叶生黑褐色、近圆形具明显同心轮纹的坏死病斑，边缘明显，色泽较深，周缘有或无黄晕。严重时，病斑相互连接成片，引起局部或整个叶片枯死。叶柄和茎秆受害，多发生于分枝处，病斑长圆形，黑褐色，有轮纹。薯块发病，表生近圆形暗褐色病斑。潮湿时，病斑上均可生黑色霉层。马铃薯早疫病病菌在病株残体上和种薯上越冬，田间靠风雨和气流传播。当气温达 25～28℃、相对湿度 80% 以上，或连续阴雨天、植株长势弱时发病重。

马铃薯早疫病防治方法

选用抗病品种，选用无病薯块作种。

加强栽培管理，增施有机肥，提高马铃薯的抗病能力。

发病前，喷洒 75% 百菌清可湿性粉剂 600 倍液或 64% 杀毒矾可湿性粉剂 500 倍液或 40% 克菌丹可湿性粉剂 400 倍液或 1：1：200 波尔多液，隔 7～10 天喷一次，连续喷 2～3 次。

三、马铃薯环腐病

是细菌性维管束病害，可全株侵染。病菌从种薯随维管束组织蔓延侵入茎、叶柄和叶片，造成叶片斑驳或地上部萎蔫。随着病情发展，病株根、茎、蔓的维管束逐渐变褐，新鲜病蔓有时会溢出菌脓。一般病薯外观症状不明显，纵切薯块可见自基部开始维管束变色，严重时变色部分可达 1 圈。病菌适宜生长温度为 20～23℃，病菌随种薯越冬，也可随病残体在土面越冬。未曾消毒的切刀是病害的重要传播媒介。病菌在田间通过伤口侵入，借雨水或浇水传播蔓延。

四、马铃薯病毒病

病毒病在田间常表现为皱缩花叶、卷叶、坏死 3 种类型。

1. 皱缩花叶型

叶片颜色不均，呈现浓淡相间花叶或斑驳，严重时叶片向上皱缩，植株矮化，有时伴有叶脉透明。

2. 卷叶型

病株下部小叶向上卷曲，病叶又厚又脆，变黄，植株矮化，严重时叶片卷曲呈筒状。

3. 坏死型

在叶、叶脉、叶柄和枝条、茎蔓上出现褐色坏死斑点，后期转变成坏死条斑。严重时全叶枯死或萎蔫脱落。马铃薯病毒主要在薯块内越冬，在田间通过蚜虫和汁液擦伤传播，高温干旱、管理粗放、蚜虫数量大，病害发生严重。

第二节　马铃薯的虫害识别与防治

一、马铃薯蚜虫

蚜虫吸食叶片内养分，造成叶片卷皱发黄，影响产量，同时还能传播多种病毒。其繁殖力极大，取食活动的最适温度为 23℃，传播病毒功效最高的温度为 25℃。在冷凉的条件下，繁殖速度缓慢。食性杂，寄主多。

马铃薯蚜虫防治方法

利用蚜虫的趋黄性。在田间用黄色黏胶板物理诱杀蚜虫。

利用蚜虫对银灰色的附趋性。在田间悬挂银灰膜或银灰色薄膜条（10~15厘米宽），每公顷用膜75千克或用膜条22.5千克，驱避蚜虫。

利用糖醋液盆或频振式杀虫灯。在田间设糖醋液盆或频振式杀虫灯诱杀小地老虎、金龟子等害虫，减轻虫害程度和减少伤口，从而减少病害侵染途径。

二、马铃薯地下害虫防治方法

1. 秋季深翻地深耙地

破坏它们的越冬环境，冻死准备越冬的大量幼虫、蛹和成虫，减少越冬数量，减轻下年为害。

2. 清洁田园

清除田间、田埂、地头、地边和水沟边等处的杂草和杂物，并带出地外处理，以减少幼虫和虫卵数量。

3. 诱杀成虫

利用糖蜜诱杀器和黑光灯、鲜马粪堆、草把等，分别对有趋光性、趋糖蜜性、趋马粪性的成虫进行诱杀可以减少成虫产卵，降低幼虫数量。

4. 药剂防治

每亩使用3%呋喃丹颗粒剂1.5~2千克顺垄撒于沟内，毒杀苗期为害的地下害虫。

5. 灌根

用40%辛硫磷1 500~2 000倍液，在苗期灌根，每株50~100毫升。

第三节　马铃薯田的除草技术

马铃薯是主要的蔬菜作物与重要的工业原料。多年来,马铃薯田用人工和机械除草费工费力。而化学除草既可节省人力、财力、又彻底。根据我们多年经验并参考相关文献,筛选出了几种除草效果比较好的药剂。

一、马铃薯播前、播后苗前、移栽前或杂草出苗前的处理

1. 马铃薯多采用露地栽培或覆膜栽培方法种植,主要用前一种栽培方法,可在栽种覆土后每亩用 33% 施田补乳油 150~200 毫升对水 40~50 千克均匀喷雾于土壤表面,然后镇压。覆盖地膜的地块要注意用药后及时盖膜。露地马铃薯有条件的地方在喷药后 3~5 天适量喷水以保持土壤湿度,提高除草效果,一旦马铃薯出苗,则禁用施田补。

2. 马铃薯田每亩用 48% 氟乐灵乳油 150~170 毫升,于整地做畦后施药混土,或栽种后马上混土、镇压,施药 3~4 厘米。混土时间一定在 1~2 天内完成,防止光解。沙壤土用药量要适当减少。氟乐灵施入土壤后残效期较长,因此,下茬不宜种高粱、水稻等敏感作物。

3. 马铃薯栽后出苗前,每亩用 40% 扑草净可湿性粉剂 100 克,对水喷雾处理土壤。用量高低和当地气候、土壤等自然条件关系密切。温暖湿润的地区或季节,在土壤疏松,有机质贫乏的条件下,药效易发挥、也易产生药害,用量应降低。干旱寒冷地区、土壤黏重、有机质丰富的条件下,用药量可适当提高。施后要进行镇压。

4. 栽后苗前施药,每亩用 50% 敌草胺可湿性粉剂 100~

150 克，对水 40～60 千克，做土壤喷雾处理，干燥无雨时对水量可增至 80～100 千克。施后要进行镇压。

5. 在栽后出苗前，每亩用 12% 农思它乳油 200～300 毫升，加水 60～75 升配成药液均匀喷施。天旱一定要镇压。

6. 每亩用 50% 安威（嗪草酮·乙草胺）乳油 150～200 克，对水 40～60 千克，于播种后杂草萌发前全田均匀喷施于土壤表面，干旱条件下应适当加大对水量。施后要进行镇压。

7. 马铃薯栽前或栽后出苗前，每亩用 48% 拉索（甲草胺）乳油 150～200 毫升，对水 40～50 升，喷雾处理土壤，可有效地防除大多数一年生禾本科杂草和某些双子叶杂草。在干旱而无灌溉的条件下，应采取播前混土法镇压，混土深度以不超过 5 厘米为宜。

8. 栽后苗前施药，最好栽后随即施药。每亩用 72% 都尔（异丙甲草胺）乳油 100～230 毫升。土壤质地疏松、有机质含量低、低洼地水分好时用低药量；土壤质地黏重、有机质含量高、岗地水分少时用高药量。为扩大杀草范围，增加对阔叶杂草药效，可每亩用 72% 都尔（异丙甲草胺）乳油 100～167 毫升，加 70% 赛克（嗪草酮）20～40 克混合施用。

9. 在马铃薯播后苗前施药，土壤有机质 1%～2% 的沙质土每亩用 70% 赛克（嗪草酮）25～35 克；土壤有机质 1.5%～4% 的壤质土每亩用 70% 赛克（嗪草酮）35～50 克；土壤有机质 3%～5% 的黏质土每亩用 70% 赛克（嗪草酮）50～75 克。

二、播后苗前、移栽前或萌芽出土早期用药

每亩用 24% 果尔（乙氧氟草醚）乳油 40～50 毫升对水 60 千克均匀喷雾土表，可防除多种一年生杂草，但对多年生杂草

效果差。初次使用时，应根据不同的气候带，进行小规模试验，找出适合当地使用的最佳施药方法和最适施药剂量后，再大面积使用。喷药要均匀周到，施药剂量要准。

三、马铃薯苗后茎叶处理

1. 每亩用5%精喹禾灵乳油 70～100 毫升，对水 15～30 升，在禾本科杂草3～6叶期，均匀喷雾，能有效防除一年生禾本科杂草。

2. 在杂草生长旺盛期，每亩用 10.8% 高效盖草能乳油40～50 毫升对水 40～60 千克，均匀喷雾杂草茎叶，可有效防除禾本科杂草。

3. 在禾本科杂草 2 叶期至 2 个分蘖期用药，每亩用12.5% 拿捕净机油乳油 60～100 毫升，对水 40～50 千克，均匀喷雾杂草茎叶，能有效防除一年生禾本科杂草，适当提高用量，也可防除部分多年生禾本科杂草。

4. 禾本科杂草 2～5 叶期，每亩用 15% 精稳杀得乳油30～60 毫升，对水 40～50 千克，均匀喷雾杂草茎叶，能有效防除一年生和多年生禾本科杂草，对作物安全。

5. 马铃薯出苗到苗高 10 厘米期间施药，每亩用 70% 赛克（嗪草酮）40～67 克，对水 30～50 千克，均匀喷雾。

第六章 花生病虫草害识别与防治

近几年，随着花生栽培面积的扩大，重迎茬地的增多，花生病虫害有逐年加重的趋势，地下害虫为害相当严重，为保证花生生产的顺利进行，做好花生病虫害的防治工作非常重要。

第一节 花生病害识别与防治

一、花生青枯病

1. 发病症状

花生一般在初花期最易感染此病。病株初始时，主茎顶梢第一、第二片叶片先失水萎蔫，早上延迟开叶，午后提前合叶。1~2 天后，病株全株或一侧叶片从上至下急剧凋萎，色暗淡，呈青污绿色，后期病叶变褐枯焦。病株易拔起，其主根尖端、果柄、果荚呈黑褐色湿腐状，根瘤墨绿色。病茎纵剖维管束呈黑褐色，横切面保湿下稍加挤压可见白色黏液溢出。

2. 发生规律

病菌随带菌土壤、病株残体、带菌杂草，以及带菌土杂肥和粪肥，借雨水、灌溉水、农具、昆虫媒介传播，此菌在土壤中可存活 14 个月至 8 年。病菌从植株根部伤口及自然伤口侵入，在维管束内繁殖，分泌毒素，造成导管堵塞，植株失水萎蔫，尔后病菌进入皮层与髓部薄壁组织的细胞间隙，使之崩解腐烂，再次散出，重复侵染。据调查，高温高湿最有利于此病发生，当土温达 25℃ 以上，降雨的多少与迟早决定此病发生早晚与程度大小。一般时晴时雨、久旱骤雨或久雨骤晴时发生严重；土壤温度与湿度骤变或地块线虫增多，造成根部受伤或腐烂时发生严重；低洼排水不良地块较高板地发生严重；沙土、薄土层、保水保肥差的地块较壤土、肥土发生严重；连作田较轮作田发生严重；酸性土壤较微碱性土壤发生严重；草害多较草害少地块发生严重。另外，品种间抗性差异显著。

3. 防治方法

（1）农业防治　选用高产抗病品种，合理轮作。有水源地方，实行水旱轮作，防效较好。旱地可与瓜类、禾本科作物 3～5 年轮作，避免与茄科、豆科、芝麻等作物连作。旱地花生，播种前进行短期灌水，可使病菌大量死亡。采用高畦栽培，适期播种，合理密植，防止田间荫蔽与大水漫灌。注意排水防涝，防止田间积水与水流传播病害。

采用配方施肥技术，施足基肥，增施磷、钾肥，适施氮肥，促进花生稳长早发。对酸性土壤可施用石灰，降低土壤酸度，减轻病害发生。田间发现病株，应立即拔除，带出田间深埋，并用石灰消毒。花生收获时及时清除病株与残余物，减少土壤病源。

（2）药剂防治　播前采用 1 000 倍液的 32% 克菌溶液浸种 8～12 小时，进行消毒灭菌；在发病初期可喷施 2 500～3 000 倍液的农用链霉素或新植霉素或 1 500～2 000 倍液的 32% 克菌溶液，隔 7～10 天喷 1 次，连喷 3～4 次防治。另外，可在初花期喷施保得生物叶面肥，促进根系有益微生物活动，对抑制病菌的发展也起一定作用。

二、茎腐病

花生茎腐病发生严重，发病面积 80% 左右，一般发病率在 60% ~ 70%，严重发病菌块高达 80% ~ 90%，有些重病植株已整株枯死。

1. 发病症状

苗期子叶黑褐色，干腐状，后沿叶柄扩展到茎基部成黄褐色水浸状病斑，最后成黑褐色腐烂，后期发病，先在茎基部或主侧枝处生水浸状病斑、黄褐色后为黑褐色，地上部萎蔫枯死。茎腐病多在花生生长中后期发病，成株发病多在近地面茎基部第一对侧枝处。初为黄褐色水渍状病斑，后变为黑褐色，并向四周扩展包围茎基部，引起黑褐色腐烂，使地上部萎缩枯死，潮湿时病部密生黑色小粒（分生孢子器）。病株荚果腐烂，或种仁不饱满。

2. 发病规律

病菌主要从伤口或表皮侵入。病菌主要借雨水和灌溉水传播，其次是风和人、畜、农具在农时操作时传播进行初侵或再侵染。苗期雨水多、湿度大、大雨后骤晴发病重。此外，土壤瘠薄、田间渍水、耕作粗放、播种过早、地下害虫为害严重，也能加重发病。

3. 防治方法

（1）农业防治　选用无病的种子和抗病品种；轮作换茬，轻病地块可与非寄主作物轮作 1 ~ 2 年，重病地块轮作 3 ~ 4 年，可与禾谷类作物轮作。此外，做好田间开沟排水，勿用混有病残的土杂肥，增施磷钾肥料。

（2）药剂防治　播种前用 50% 多菌灵可湿性粉剂拌种（用药量为种子量的 0.3% ~ 0.5%）或用 50% 多菌灵可湿性粉

剂 0.5 千克加水 50~60 千克冷浸种子 100 千克，浸种 24 小时播种，防治效果显著；在发病初期，选用 50% 多菌灵可湿性粉剂或 65% 代森锌可湿性粉剂 500~600 倍液，70% 甲基托布津可湿性粉剂 800 倍液喷雾，间隔 7 天喷 1 次，连喷 2~3 次。上述药剂还可兼治花生叶斑病。

三、根腐病

1. 发病症状

该病在花生整个生育期均可发生。感病植株矮小，叶片自下而上依次变黄，干枯脱落，主根外皮变黑腐烂，直到整株死亡。该病主要靠雨水和田间传播。苗期田间积水，地温低或播种过早、过深，均易引发该病。

2. 发病规律

花生根腐病在闷热天气和土壤湿度高的情况下发生最多。根腐病的发病最适宜发病的温度为 32~39℃，带菌植株出现萎蔫的症状。土壤湿度越大，花生根腐病发生越多。

3. 防治方法

（1）农业防治　整地改土，增施腐熟的有机肥，防涝排水，加强田间管理。在不同的种植区因地制宜确定轮作方式。北方地区与玉米、甘薯轮作防病效果好，两年以上轮作最好。

（2）做好种子处理　用于播种的种子要贮藏好。播前翻晒种子，剔除变色、霉烂、破损的种子，并用 40% 三唑酮 800 倍液或者多菌灵可湿性粉剂 800 倍液浸种，并且密封 24 小时再播种。

（3）用 50% 多菌灵可湿性粉剂按种子量的 0.3% 拌种。发病初期用 50% 多菌灵 1 000 倍液全田喷雾。

四、黑霉病

1. 发病症状

该病主要发生在花生生长前期，病菌先染子叶使其变黑腐烂，继而侵染幼苗根茎部，潮湿时病部长出许多霉状物覆盖茎基部，茎叶失水萎蔫死亡。

2. 防治措施

（1）选用抗病品种　播种前用新高脂膜 800 倍液浸种（可形成保护膜，隔离病原菌，提高种子发芽率），时间不宜过长；播种后应及时在地面喷施新高脂膜 800 倍液保墒防水分蒸发、防土层板结、隔离病虫源，提高出苗率。

（2）清除感染源　一旦发现病株应急时拔除并带出园外烧毁，及时清除周围的杂草及其他蚜虫寄生的植物，减少侵染来源。同时喷施消毒药剂加新高脂膜 800 倍液对全园进行消毒处理。

（3）加强田间管理　增施腐熟的有机肥和磷、钾肥，合理浇水，及时中耕，提高植株抗病性，定苗后及时喷施促花王3 号，抑制主梢疯长，促进花芽分化，多开花，多坐果；在开花前期、幼果期、果实膨大期喷施地果壮蒂灵使地下果营养输导管变粗，提高地果膨大活力，增加花生的产量。

（4）药剂防治　对于花生病毒病的防治应该从防蚜虫入手，应在花生苗期用 2.5% 高效氯氰菊酯 1 000 倍液加新高脂膜 800 倍液或者用 3% 啶虫脒乳油 1 000 倍液加新高脂膜 800 倍液，喷雾花生园，可以有效控制花生病毒病的蔓延。

五、叶斑病

花生叶斑病是花生叶部斑点类型病害的通称，在 20 世纪

80 年代中期以前，包括黑斑病和褐斑病两种，80 年代中后期以来国内各花生产区相继报道发生了一种新的叶斑病，称为网斑病，以山东发生最重，其次是河南、陕西和东北，而且有逐年加重的趋势。这几种病害都是为害叶片，使叶片提早脱落，影响后期灌浆成熟而减产，而群众误认为是落叶成熟而忽视防治，对产量影响很大，一般减产 10% ～20%，严重的减产 30% ～35%。所以，叶斑病是威胁花生生产的重要病害。

1. 主要症状

（1）黑斑病的症状　叶片上病斑初为褐色针头大小的小斑点，逐渐扩大成圆形病斑，直径为 1～2 毫米，病斑黑色，四周有不明显的晕圈，病斑背面有许多黑色小粒点，排列成轮纹状，为病原菌的分生孢子座，上生一层灰色霉层（分生孢子梗和分生孢子）。单张叶片上常有几个至几十个病斑，病斑连接成片后不规则，茎秆和叶柄大的病斑成椭圆形，黑褐色，病重时引起叶片大量脱落。

（2）褐斑病的症状　叶片上病斑初为褐色小点，逐渐扩展成圆形或稍不规则形，病斑较大，质地薄，褐色，周围有明显的黄色晕圈。单叶病斑连接形成不规则形的大斑，气候潮湿时病斑正面产生灰褐色霉层（分生孢子梗和分生孢子）。茎秆、叶柄上病斑也是椭圆形、长椭圆形。

（3）网斑病的症状　叶片病斑表现有两种类型，一种是网斑型：初在叶片表面呈星芒状小黑点后扩大成边缘网状、中央不规则的黑褐色病斑。病斑直径 2～5 毫米，病斑仅限于叶片表皮细胞；另一种是污斑型，病斑较大，7～15 毫米，近圆形，黑褐色，可穿透叶片，单背面病斑稍小。病斑坏死部分可形成黑色小粒点（分生孢子器），此种病斑多发生在湿度较大时。两种病斑以网纹型为主。

2. 发病规律

气候条件对叶斑病的影响主要是温湿度影响大。从温度影响看，黑斑病菌的生长适宜温度为 10～30℃，而褐斑病的适温为 10～33℃。所以，黑斑病在田间发病稍早于褐斑病，一般在 8 月中旬进入发病高峰；网斑病在田间发生则更早（7 月底即可形成发病高峰）。在温度适宜的条件下，湿度是决定发病程度的重要因素，在大于 80% 以上的湿度条件下温度越高，发病越重。尤其是降雨次数多，更有利于病害发生。一般每次降雨后 5～10 天即可出现一次发病高峰。对黑斑病和褐斑病，还是生育期前期发病轻，中后期发病重，幼嫩器官发病轻，衰老叶片发病重，8 月中旬至收获前 20～30 天是发病盛期，所以是防治的关键时期。

3. 防治方法

（1）轮作倒茬　花生叶斑病的寄主比较单一，只侵染花生，与其他作物轮作，使病菌得不到适宜的寄主，可减少为害，有效的控制病害的发生。

（2）减少病源　花生收获后，要及时清除田间病叶，使用有病株沤制的粪肥时，要使其充分腐熟后再用，以减少病源。包括实行地膜覆盖、及时翻耕土地、压低地表面菌源等措施（一些地方还采用收获后及时清扫落叶烧掉等措施，效果很好）。

（3）加强管理，增强植株抗病性　合理密植，科学施肥，采取有效措施，使植株生长健壮，增强抗病能力。

（4）黑斑病和褐斑病的药剂防治　在发病初期，当田间病叶率达到 10%～15% 时，应开始第一次喷药，药剂可选用 50% 多菌灵可湿性粉剂 1 500 倍液或 50% 甲基托布津可湿性粉剂 2 000 倍液或 80% 代森锌可湿性粉剂 400 倍液或 80% 代森锰锌 400 倍液；75% 百菌清可湿性粉剂 600 ~ 800 倍液或抗枯宁 700 倍液或波美 0.3 ~ 0.5 波美度的石硫合剂等。以后每隔 10 ~ 15 天喷药 1 次，连喷 2 ~ 3 次，每次每亩喷药液 50 ~ 75 千克。由于花生叶面光滑，喷药时可适当加入黏着剂，防治效果更佳。抗枯宁对褐斑病效果较佳，代森锰锌对网斑病也有较好防治效果，多菌灵在叶斑病与锈病混发区，不宜使用。

（5）网斑病的防治措施　该病菌在落入田间的花生病叶残叶、进行轮作倒茬、选用抗病品种外，在田间病株率达到 5% 以上时，可选用抗枯宁 700 倍液，80% 化森锰锌 400 倍液，"农抗 120"（每亩 0.5 千克）200 倍液，每次每亩用药液 75 ~ 100 千克，间隔 10 ~ 15 天喷 1 次，连喷 2 ~ 4 次。

六、花生锈病

花生锈病是我国南方花生产区普遍发生，为害较重的病害。近年来，北方花生产区也有扩展蔓延的趋势。花生锈病主要为害叶片，到后期病情严重时也为害叶柄、茎枝、果柄和果壳。

1. 发病症状

一般自花期开始为害，先从植株底部叶片发生，后逐渐向上扩展到顶叶，使叶片产生黄色疱斑，周围有很窄的黄色晕圈，表皮裂开后散出铁锈色粉末，严重时叶片发黄，干枯脱落。用手摸可黏满铁锈色末。严重时，整个叶片变黄枯干，全株枯死，远望似火烧状。不仅严重降低产量，而且也影响品质。

2. 发生规律

花生锈病以风和雨水传染，一般夏季雨量多，相对湿度大，日照少，锈病往往比较严重。

3. 防治方法

除选用抗病品种外，要加强田间管理，增施有机肥和磷、钾肥，做好防旱排涝工作，培育壮苗，提高植株抗病能力。在田间病株率达到10%～20%时，可选用50%的胶体硫150倍液或敌锈钠600～800倍液或75%百菌清800倍液或1∶2∶200（硫酸铜∶生石灰∶水）的波尔多液或25%粉锈宁可湿性粉剂3 000～5 000倍液，每隔10天左右喷1次，连喷3～4次。敌锈钠不宜连续使用，应与其他药剂交替使用，每次每亩喷药液60～75千克。

七、花生病毒病

1. 发病症状

花生病毒病主要有花生条纹病毒病、花生黄花叶病毒病、花生矮化病毒病和花生芽枯病毒病4种。其中，以条纹病毒病分布最广；花生病毒病主要通过种子、蚜虫和花生蓟马传播，使染病的植株稍矮化，叶片变窄小，荚果发育不良，形成小果和畸形果。

2. 发病规律

种传率的高低主要受发病时期的影响，发病早，种传率高。种子带毒率与种子大小成负相关，大粒种子带毒率低，小粒种子带毒率高。花生苗期降雨少、气候温和、干燥，易导致蚜虫大发生，造成病害流行，反之则轻。

3. 防治措施

（1）选用抗病品种　播种前用新高脂膜800倍液浸种（可形成保护膜，隔离病原菌，提高种子发芽率），时间不宜过长；播种后应及时在地面喷施新高脂膜800倍液保墒防水分蒸发、防土层板结，隔离病虫源，提高出苗率。

（2）清除感染源　一旦发现病株应急时拔除并带出园外烧毁，及时清除周围的杂草及其他蚜虫寄生的植物，减少侵染来源。同时喷施消毒药剂加新高脂膜800倍液对全园进行消毒处理。

（3）加强田间管理　增施腐熟的有机肥和磷、钾肥，合理浇水，及时中耕，提高植株抗病性，定苗后及时喷施促花王3号，抑制主梢疯长，促进花芽分化，多开花，多坐果；在开花前期、幼果期、果实膨大期喷施地果壮蒂灵使地下果营养输导管变粗，提高地果膨大活力，增加花生的产量。

（4）药剂防治　对于花生病毒病的防治应该从防蚜虫入手，应在花生苗期用2.5%高效氯氰菊酯1 000倍液加新高脂膜800倍液，或者用3%啶虫脒乳油1 000倍液加新高脂膜800倍液，喷雾花生园，可以有效控制花生病毒病的蔓延。

八、白绢病

花生白绢病是一种土传真菌性病害，该病在花生荚膨大至成熟期才表现出症状，发病后再进行防治效果较差，因此，应从花生播种期采取综合防治措施才能有效防治。

1. 发病症状

花生根、荚果及茎基部受侵染后，初呈褐色软腐状，地上部根茎处白色绢状菌丝（故称白绢病），并有油菜籽状菌核，茎叶变黄，逐渐枯死，花生荚果腐烂。该病菌在高温高湿条件下开始萌动，侵染花生，沙质土壤、连续重茬、密度过大不通风，阴雨天发生较重。

2. 综合防治方法

（1）选用抗病品种　目前高产抗病品种主要有丰花一号、花育17、花育16等。

（2）合理轮作 病株率达到10%的地块就应该实行轮作，一般实行2~3年轮作，重病地块轮作3年以上，以花生与禾谷类作物轮作为宜。

（3）深翻改土，加强田间管理 花生收获前，清除病残秧枝，收获后深翻土地冻垡，减少田间越冬菌源，花生播种后做到"三沟"配套，下雨后及时排出地中积水。

（4）药剂防治 花生播种期每亩应用五氯硝基苯1千克对细湿土20千克，施在播种沟内盖种，同时注意用神农丹、灭线磷等药剂防治地下害虫，花生结荚初期喷20%三唑酮乳油1 000倍液或扑海因1 000倍液防治，发病期还用三唑酮、根腐灵、硫菌灵等药剂灌根，防止效果非常明显。

第二节　花生的主要虫害防治

花生的主要虫害有蚜虫、地老虎和蛴螬。

一、蚜虫

蚜虫不仅吸食花生汁液，也是传播病毒的主要媒介。防治花生蚜虫必须立足早字，用40%氧化乐果1 000倍液防治即可。

二、地老虎、蛴螬

地老虎和蛴螬是地下害虫，不仅为害期长而且为害严重。常造成缺苗断垄现象，2001年，部分乡镇地下害虫造成花生田间死秧率高达10%~40%，是目前影响花生产量的最主要的虫害。因地下害虫常在地下活动，隐蔽性强，防治困难，所以，必须采取综合防治的方法。

三、防治方法

1. 农业防治

（1）合理轮作　花生良好前茬是玉米、谷子等禾本科作物，必免重茬、迎茬。

（2）秋季深翻　秋季深翻可将害虫翻至地面，使其暴晒而死或被鸟雀啄食，减少虫源。

2. 药剂防治

（1）种子包衣　播前用种衣剂包衣，此方法也能有效地防治鼠害。

（2）土壤处理　播前整地时，每公顷用3%甲拌磷颗粒剂22.5～30千克均匀撒施于田面，浅翻入土；或将甲拌磷颗粒剂撒于播种沟内，之后播种；也可将杀虫剂拌入有机肥内做基肥使用。

（3）防治幼虫　6月下旬和7月下旬在金龟子孵化盛期和幼龄期每公顷用辛硫磷颗粒剂35～45千克加细土250～300千克撒在花生根际，浅锄入土。也可用50%辛硫磷或90%敌百虫1 000倍液灌根。

第三节　花生田的杂草防除技术

杂草防除分为苗前土壤处理和苗后茎叶处理。

1. 苗前土壤处理的药剂有乙草胺类、960克/升异丙甲草胺、40%乙扑复配制剂等。优点有处理方便，成本低，药效好；缺点有连年使用封闭除草剂使杂草抗性增强，尤其是乙草胺用药量越来越大，有些地区已经发生过量用药对花生生长造成隐性药害。

2. 苗后茎叶处理除草剂的优点是见草施药，针对性强；不受土壤等因素影响；缺点有施药期、用量要求严格。

3. 苗期防除阔叶杂草可选用 10% 乙羧氟草醚 20 毫升/亩对水 30 千克均匀喷雾，可有效防除马齿苋、铁苋菜、茶叶草等恶性阔叶杂草。

4. 苗期防除禾本科杂草可选用 10% 精喹禾灵 40～60 毫升/亩，对水 30 千克均匀喷雾防除花生田马唐、狗尾草、牛筋草等禾本科杂草。

5. 禾本科杂草阔叶杂草混生时可选用 10% 精喹禾灵 40～60 毫升/亩与 10% 乙羧氟草醚 16 毫升混配使用，对水 30 千克均匀喷雾，可达到良好的防效。

6. 乙羧氟草醚属于触杀性除草剂，在植物体内不传导，在强光下应用时有时会出现局部药斑，但 5～7 天会恢复，不会影响产量。

同时根据当地主要杂草种类、耕作制度和气候条件等，选用除草谱、杀草活性和田间持效期不同、优缺点互补的两种除草剂混配使用，可达到一次施药防治所有杂草，获得较高产量和经济效益的目的。

第七章　稻水象甲的为害与防治

稻水象甲又名稻水象、稻根象。

第一节　鉴别特征

成虫长 2.6 ~ 3.8 毫米。喙与前胸背板几等长，稍弯，扁圆筒形。前胸背板宽。鞘翅侧缘平行，比前胸背板宽，肩斜，鞘翅端半部行间上有瘤突。雌虫后足胫节有前锐突和锐突，锐突长而尖，雄虫仅具短粗的两叉形锐突。蛹长约 3 毫米，白色。幼虫体白色，头黄褐色。卵圆柱形，两端圆。

生物学特性：半水生昆虫，成虫在地面枯草上越冬，3 月下旬交配产卵。卵多产于浸水的叶鞘内。初孵幼虫仅在叶鞘内取食，后进入根部取食。羽化成虫从附着在根部上面的蛹室爬出，取食稻叶或杂草的叶片。成虫平均寿命 76 天，雌虫寿命更长，可达 156 天。为害时虫口密度可达每平方米 200 头以上。

第二节　发生特点

稻水象甲为害水稻、高粱、玉米、甘蔗、小麦、稗草、莎草等，是一种国际性、检疫性、迁飞性、孤雌生殖的水稻害虫。属鞘翅目、象甲科。发生状况：南方地区一年发生 2 代，第一代为害早稻。

第三节　为害症状

成虫啃食水稻叶片上表皮和叶肉，仅剩表皮，于叶尖、叶缘及沿叶脉方向形成宽约0.9毫米的白色长条状瘢痕，影响光合作用。幼虫蛀食根部，破坏根系组织，阻碍营养吸收和传导，导致分蘖减少、植株矮化、黄化枯萎、抽穗延迟甚至全株枯死，对水稻产量和品质造成严重为害。老熟幼虫先在寄生的根系上做土茧，后在其中化蛹。以成虫在稻田附近的山坡、林带的落叶层或田埂疏松土层中越冬。

第四节　防治方法

一、稻田秋耕灭茬可大大降低田间越冬成虫的成活率

结合积肥和田间管理，清除杂草，以消灭越冬成虫。水稻收获后要及时翻耕土地，可降低其越冬存活率。保护青蛙、蟾蜍、蜘蛛、蚂蚁、鱼类等天敌。应用白僵菌和线虫对其成虫防治有效。施药品种以选用拟除虫菊酯类农药为宜。严禁从疫区调运可携带传播该虫的物品。对来自疫区的交通工具、包装填充材料应严格检查，必要时做灭虫处理。

二、化学防治

早稻秧田揭膜后，越冬代成虫陆续迁入秧田，在成虫迁入高峰期应集中药杀。防治策略："狠治越冬代成虫，普治第一代幼虫，兼治第一代成虫"，压低虫口基数和发生为害程度。

第八章 农区害鼠和农区统一灭鼠技术

第一节 常见农业害鼠

最常见的主要农业害鼠有近 30 种。农村害鼠可以分为家栖鼠类和野栖鼠类，家栖鼠类主要有褐家鼠、小家鼠和黄胸鼠。其中，褐家鼠和小家鼠分布全国各地，黄胸鼠主要分布在我国南方各省。

第二节 杀鼠剂种类

敌鼠钠盐、杀鼠灵、杀鼠迷、氯敌鼠、溴敌隆、大隆、杀它仗等。

第三节 农区统一灭鼠技术

一是洞口外一次性饱和投饵：将毒饵投在距鼠洞口 3～5 厘米鼠出入的道上。农田、荒地鼠每洞裸投 5～10 克。

二是农田毒饵站投饵：一般每亩农田（667 平方米）设置毒饵站两个。每个毒饵站投毒饵 50～80 克。

三是农舍一律用毒饵站投饵，房前屋后各放一个，每个毒饵站投毒饵 50～80 克。

第四节 毒饵站制作方法

PVC 管或竹筒毒饵站用口径为 5~6 厘米 PVC 管或竹子制成，在房舍区，竹筒毒饵站的长度可在 30 厘米左右，在农田的毒饵站在 45 厘米左右（不算用来遮雨的突出部分）。在室内放置毒饵站时，可将毒饵站直接放置在地面，用小石块稍作固定即可。在野外使用时，应将铁丝插入地下，地面与竹筒应留有 3 厘米左右的距离，以免雨水灌入。

第五节 慢性杀鼠剂中毒的处理

经口毒物中毒的一般救治措施为催吐、洗胃、灌服活性炭、导泻及综合对症治疗。抗凝血慢性杀鼠剂中毒时，一是对误食已有 1 天以上的患者，应测定血浆凝血酶原时间，若凝血酶原时间延长，应肌肉注射维生素 K_1，成人 5 毫克，儿童 1 毫克，24 小时后再测凝血酶原时间，再肌肉注射维生素 K_1，剂量同前。二是对出现症状并伴有低凝血酶原血症的患者，每日肌肉注射维生素 K_1，成人 25 毫克，儿童 0.6 毫克/千克体重，到出血症状停止。抗凝血杀鼠剂指敌鼠钠盐、氯敌鼠、杀鼠酮钠盐、杀鼠灵、杀鼠迷、溴敌隆、溴鼠灵等。由它们配制成的毒饵误食中毒都可用上述方法解毒。注意：急性灭鼠药误食中毒，由于没有特效药解救，宜马上就医，并提供误食之原药。

第九章　常用植保机械（施药机械）的使用与维护

第一节　植保机械（施药机械）的种类

1. 按喷施农药的剂型和用途分类分为喷雾机、喷粉机、喷烟（烟雾）机、撒粒机、拌种机、土壤消毒机等。

2. 按配套动力进行分类分为人力植保机具、畜力植保机具、小型动力植保机具、大型机引或自走式植保机具、航空喷洒装置等。

3. 按操作、携带、运载方式分类人力植保机具可分为手持式、手摇式、肩挂式、背负式、胸挂式、踏板式等；小型动力植保机具可分为担架式、背负式、手提式、手推车式等；大型动力植保机具可分为牵引式、悬挂式、自走式等。

4. 按施液量多少分类可分为常量喷雾、低量喷雾、微量（超低量）喷雾。但施液量的划分尚无统一标准。

5. 按雾化方式分类可分为液力喷雾机、气力喷雾机、热力喷雾（热力雾化的烟雾）机、离心喷雾机、静电喷雾机等。气力喷雾机起初常利用风机产生的高速气流雾化，雾滴尺寸可达 100 微米左右，称之为弥雾机；近年来又出现了利用高压气泵（往复式或回转式空气压缩机）产生的压缩空气进行雾化，由于药液出口处极高的气流速度，形成与烟雾尺寸相当的雾滴，称之为常温烟雾机或冷烟雾机。还有一种用于果园的风送喷雾机，用液泵将药液雾化成雾滴，然后用风机产生的大容量气流将雾滴送向靶标，使雾滴输送得更远，并提高了雾滴在枝叶丛中的穿透能力。

第二节　手动喷雾器的使用技术

一、背负式手动喷雾器使用技术

背负式手动喷雾器使用技术以卫士牌手动喷雾器为例进行说明。卫士牌喷雾器是山东卫士植保机械有限公司生产的一种新型喷雾器，该喷雾器空气室与泵合二为一，且内置药箱中，结构紧凑、合理，安全可靠；采用大流量活塞泵，稳压，操作轻便、省力，升压快；操作灵活，可连续喷洒，也可以点喷，针对性强，节省农药；配备有扇形雾喷头、空心圆锥雾喷头和实心圆锥雾可调喷头，并有四喷头、双喷头、加长喷杆等喷洒部件可供选择，同时采用三级过滤；选材优良，强度高，耐磨性、耐腐蚀性好，使用可靠，寿命长。具有膜片式揿压开关、防溢阀及优质密封材料使机具在工作时无滴漏现象；药液箱模仿人体后背曲线，背负舒适。

1. 要正确安装喷雾器各零部件。检查各连接是否漏气，使用时，先装清水试喷，然后再装药剂。

2. 根据防治对象和作物的不同，选用不同的喷头。防治常规的农作物病虫选用圆锥雾喷头，防治果园病虫采用可调雾喷头，喷洒除草剂选用扇形雾喷头。

3. 正式使用时，按农药的使用说明配置药液，药液的液面不能超过安全水位线。喷药前，先扳动摇杆，使桶内气压上升到工作压力（以手压摇杆吃力为止），喷药时每分钟压动摇杆 6 ~ 7 次, 即可达到良好的喷雾效果。扳动摇杆时不能过分用力, 以免气室爆炸。

4. 初次装药液时, 由于气室及喷杆内含有清水, 在喷雾起初的 2 ~ 3 分钟内所喷出的药液浓度较低, 所以应注意补喷, 以免影响病虫害的防治效果。

5. 喷药过程中行走速度不易过快或过慢, 喷头不要距离作物太近, 以免药液不能达到良好的雾化效果, 降低防效。

6. 工作完毕, 应及时倒出桶内残留的药液, 并用清水洗净倒干, 同时, 检查气室内有无积水, 如有积水, 要拆下水接头放出积水。

7. 若短期内不使用喷雾器, 应将主要零部件清洗干净, 擦干装好, 置于阴凉干燥处存放。若长期不用, 则要将各个金属零部件涂上黄油, 防止生锈。

8. 作业中的安全技术要求。作业者应穿戴安全保护用品; 工作中禁止吃喝, 工作完毕必须彻底洗净后才能进食; 作业时应注意风向的变化, 加药时注意防止飞溅; 药液容器要及时处理好, 不能随地乱扔。

二、喷雾器中除草剂稀释注意问题

为了施药方便, 现在许多农民朋友在喷施除草剂时都不单独配制稀释液, 而是将除草剂加入喷雾器中, 在喷雾器中配制稀释液配好后直接喷施, 但是由于对配制除草剂稀释液的技术掌握不好, 在配制过程中往往会出现问题直接影响除草剂的防效, 在配制过程中必须注意以下 4 个问题。

1. 除草剂的剂型

除草剂的剂型有很多, 例如, 乳剂、水剂、胶悬剂见水后很快溶解并扩散, 对这些剂型的除草剂可采用一步稀释法配制，即将一定量的除草剂直接加入喷雾器中稀释，稀释后即可喷施，72%都尔乳剂、90%禾耐斯乳油都可采用这种方法，可湿性粉剂、干燥悬乳剂等剂型不能采用一步稀释法，而必须采用两步稀释法配制：第一步是按要求准确称取除草剂加少量水搅动，使其充分溶解即为母液，75%巨星干燥悬乳剂必须采取这种方法稀释，而决不能采取一步稀释法。

2. 配制稀释剂

在喷雾器中配制稀释液，必须先在药箱中加入约 10 厘米深的水后才可将药剂或母液慢慢加入药箱，然后加水至水线即可喷施，决不能在水箱中未加清水前或将水箱加满清水后倒入药剂或母液，因为这样很难配制出均匀的稀释液，会严重影响防除效果。

3. 药箱中药液配好后要立即喷施

原因是各种除草剂的比重不完全是一样，如除草剂比重比水大，存放一段时间后除草剂会下沉，造成下部药液浓度大，上部药液浓度小，严重影响除草效果。

4. 喷雾器中的稀释液以加至喷雾器的水位线为好，绝不能一下子充满

如将喷雾器药箱充满，在施药人员行走时，药液难以晃动，药剂容易出现下沉或上浮现象，影响药液均匀度，从而影响除草剂效果。另外，在施药人员施药时药液还容易从药箱上口溅出来，滴到施药人员身上，所以，药箱中的药液一定不要加得太满。

第三节　背负式机动弥雾喷粉机使用技术

背负式机动弥雾喷粉机是一种高效益、多用途的植保机械，可进行弥雾、喷粉、撒颗粒、喷烟、超低容量喷雾等作业。适应农林作物的病虫害防治、除草、卫生防疫、消灭仓储害虫、喷撒颗粒肥料及小粒种子喷撒播种等。具有结构紧凑、体积小、重量轻、一机多用、射程高、喷撒均匀、操作方便等特点。

1. 工作前，检查各连接部分、密封部分和开关控制等是否妥当，以防出现松脱、泄漏等现象。

2. 充分备好易损件，以保证机具正常作业，提高可靠性。

3. 严格按照规定要求的燃油混合比和润滑油种类使用燃料，注意混合的均匀性，以免润滑不良，造成机件早期磨损发生故障。

4. 使用的药物、粉剂要干燥过筛，液剂要过滤，防止结块杂物堵塞开关、管道或喷嘴。

5. 加药前，应将控制药物的开关闭合；加药后，应旋紧药箱盖。

6. 作业时，先将汽油机油门操纵把手徐徐提到所需转速的位置，待稳定运转片刻，才能打开控制药物开关进行喷洒；停止喷洒时，先关闭药物开关，再关闭汽油机油门。

7. 一般情况下，允许不停机加药，但汽油机应处于低速状态，并注意不让药物溢出，以免浸湿发动机、磁电机和风机壳，腐蚀机体。

8. 弥雾作业使用的药液浓度较大，喷出的雾点细而密，当打开手把开关后，应随即左右摆动喷管进行均匀喷洒，切不可停在一处，以防引起药害。超低容量喷雾作业，则应按特定的技术要求进行。

9. 使用长薄膜喷粉时，先将薄膜管从绞车上放出所需长度，然后逐渐加大油门，并调整粉门进行喷撒，同时上下轻微摆动绞车，使撒粉均匀。放置薄膜管时不要硬拉，收起时不要夹带杂草、泥沙。

10. 喷烟时，汽油机先低速运转预热喷烟器，然后徐徐打开喷烟开关，调节烟雾剂供量至适当烟化浓度。喷烟时汽油机控制在中速运转，停止时先关闭喷烟开关，后停机。

11. 喷洒较高的作物时，转速可适当提高，但要尽量避免发动机长时间连续高速运转。

12. 注意观察风向进行安全作业，必须配备防护用品。每人工作时间不宜太长，适当轮换背机，以保证人身安全。

13. 每天工作完毕，应及时清洗药箱、管道和开关组件，并清理机具表面的油污尘土检查各部分螺钉是否松动、丢失。同时按汽油机保养规定保养汽油机。

第四节　超低量喷雾器使用技术

超低量喷雾是植物保护中大力推广的一种新技术，每亩仅需喷施330毫升以下的油剂农药即可收到良好的防治效果。由于雾滴直径很小，喷洒时省工省时，又不需用水，尤其适用于山地和缺水、少水地区。超低量喷雾器是一种工效和防治效果都较高的新型喷雾机械。该机既可用于农作物和果林树木的病虫害防治，又可用于仓贮、温室大棚的消毒。

1. 使用前应检查机器零部件是否齐全，安装是否正确，各连接部分是否牢固可靠，转轮转动是否灵活自如；应先向药液箱内加清水试喷，并观察药液箱及药液流过的管路有无漏液，转轮喷出的雾滴是否正常；还要根据防治对象，在专业技术人员的指导下选择药剂种类和剂型，要以适合超低量喷雾为准。喷洒的药量可用节流阀控制。

2. 待机器各部件运行正常后，操作人员先行走，再打开输液开关，同时要始终保持步行速度一致，停止喷药时，要先关闭输液开关，然后方可关机；喷药时，要注意当时风向，应从下风向开始，喷雾方向要尽量与自然风向一致，不允许逆风喷药；田间喷雾时应用侧喷技术，喷管喷口不能对着作物，但对作物要有一定角度，角度大小要视自然风速大小来定，其原则是风速大时，角度要大，风速小时，角度要小；喷药时间不宜选择在炎热的中午进行，自然风大于3级时，不应施行超低量喷雾；在仓库、温室等处喷药时喷雾时间不要过长，以防止人员发生药物中毒；在喷药时，喷头雾化器的转轮不要触碰作物，以防止转轮损坏；加入药液箱的药液不要过满，以防溢出，若有溢出，应立即清洗干净。每次使用后，要将药液箱、输液管内的剩余药液放出，将全机擦拭干净；喷雾作业结束后，在收藏保管前，除将油箱、药液箱内的残余油液倒干净外，还要全面清洗，金属件要涂抹防锈油，然后保存在通风阴凉干燥处。

第五节　机动喷雾器的安全使用

一、机动喷雾器的使用方法

1. 加燃油

如"东方红"WFB-18AC背负式喷雾器使用的燃料为汽

油和机油的混合油，汽油的牌号为90#，机油为二冲程汽油机专用机油，严禁使用其他牌号的机油，汽油与机油的容积混合比为25∶1。

（1）加油时按照容积混合比配置混合油，充分摇匀后注入油箱。

（2）加油时若溅到油箱外面，请擦拭干净；不要加油过满，以防溢出。

（3）加燃油后请把油箱盖拧紧，防治作业过程中燃油溢出。

（4）严禁使用纯汽油作燃料。

（5）若使用劣质汽油及机油，火花塞、缸体、活塞环、消音器等部件容易积炭，影响汽油机的使用性能，甚至损坏汽油机。

（6）加燃油时避免皮肤直接与汽油接触，以免伤害身体。

2. 启动与停机

启动之前，把机器放在平稳牢固的地方，确定无旁观人员。在接近汽油、煤气等易燃物品的地方不要操作本机。

（1）新机开箱后，对照装箱清单检查随机零件是否齐全，并检查各零部件安装是否正确牢固。

（2）检查火花塞各连接处是否松脱，火花塞两电极间隙是否符合要求，火花塞是否正常。

（3）将启动器轻轻拉动几次检查机器转动是否正常。

3. 冷机启动

（1）将静电开关置于"关"的位置。

（2）将化油器上阻风门置于全开位置。

（3）轻轻拉出启动绳，反复拉动几次，使混合油进入箱体。注意启动绳返回时，切不可松手，应手握启动器拉绳手柄让其自动缩回,以防损坏启动器。

(4)将化油器阻风门置于全闭位置,再用力拉动启动绳。

(5)发动机启动后,将阻风门置于全开位置,让机器低速运转3~5分钟后,再将油门置于高速位置进行喷洒作业。

4. 热机启动

(1)发动机在热机状态下启动时,应将阻风门置于全开位置。

(2)启动时,如吸入燃油过多,可将油门手柄和阻风门置于全开位置,卸下火花塞,拉动启动绳5~6次,将多余的燃油排出,然后装上火花塞,按前述方法启动。

5. 停机

(1)将油门手柄松开即可。

(2)喷雾时,先关闭药液开关再停机。

启动后和停机前必须空转3~5分钟,严禁空载高速运转,防止汽油机飞车造成零件损坏或出现人身事故,严禁高速停车。

二、机动喷雾器安全操作注意事项

1. 本机所排放的废气中含有毒气体,为了确保您的身体不受伤害,在室内、通风不畅的地方不要使用。

2. 消音器护罩,缸体和导风罩表面温度较高,启动后不要用手触摸,以防烫伤。

3. 作业时必须确定周围无旁观人员,作业时高速气流能把小的物体吹向远方,所以喷管前严禁站人。

4. 作业过程中若有机器异响,请立即停止作业,关闭机器后再检查情况。

5. 为了安全有效地喷洒,工作人员要逆风而行,喷口方向要顺风喷洒。

6. 喷洒药剂时应避开中午高温期，最好在早上和下午无风较凉爽的天气进行，这样可以减少药的挥发和飘移，提高防治效果。

7. 为了保证操作者的健康和安全延长机器的使用寿命，请一天工作时间不要超过 2 小时，持续工作不要超过 10 分钟。

8. 本机带有静电发生装置，请使用时将接地线与大地接触，防止触电。

第六节　常用施药机械的清洗、故障排除和长期保存

一、药械清洗要点

弥雾机、喷雾器等小型农用药械，在喷完药后应立即进行清洗处理，特别是使用剧毒农药和各种除草剂后，更要立即将药械桶内清洗干净，否则对农作物或蔬菜就会产生毒害。

1. 农药类

（1）一般农药使用后，用清水反复清洗、倒置晾干即可。

（2）对毒性大的农药，用后可用泥水反复清洗，再用清水清洗，倒置晾干。

2. 除草剂类

（1）清水清洗　麦田常用除草剂如巨星（苯磺隆），玉米田除草剂如乙阿合剂等，大豆、花生田除草剂如盖草能，水稻田除剂如神锄、苯达松等，在打完后，需马上用清水清洗桶及各零部件数次，尔后将清水灌满喷雾机浸泡 2~24 小时，再清洗 2~3 遍，便可放心使用。

（2）泥水清洗　针对克无踪（俗称一扫光）遇土便可钝化，失去杀草活性的原理，因而在打完除草剂克无踪后，只要马上用泥水将喷雾器清洗数遍，再用水洗净即可。

（3）硫酸亚铁洗刷　除草剂中，唯有2，4-D丁酯最难清洗。在喷完该除草剂后，需用0.5%硫酸亚铁溶液充分洗刷，而后再对棉花、花生等阔叶作物进行安全测试方可再装其他除草剂使用。

二、背负式机动喷雾器的保养与常见故障排除

该机所配汽油机为二冲程汽油机，与四冲程汽油机有一定区别，所以故障判断与排除方法应与四冲程汽油机分开，不能一概而论。主要问题出现在电路、油路、压缩、密封和杂音上，具体分析如下。

1. 电路

表现为不着车和运转中转速不稳，有明显断火现象，主要表现在内转子、外转子和火花塞上。内转子定子与转子间隙小则跳火错乱，大则出现断火，这种情况下将定子与转子间隙调到0.25~0.35毫米即可排除故障。外转子则体现在定子上的电子块和所连接线路，如电子块击穿，连接线开焊造成接触不良，也会出现同样问题。另外，当火花塞电极间隙小于0.5毫米或大于0.7毫米时同样会出现连火或断火现象，表现为转速不稳、无缓和，这时将火花塞电极间隙调到0.5~0.7毫米，故障即可排除。当连接线断开，火花塞积炭则会出现不打火不着车现象，这时应逐一检查，当启动时曲轴箱和燃烧室内燃油过多，油会将火花塞电极间隙黏连，致使无法打火而不能启动（俗称淹嘴子），这时应将火花塞取下将电极间擦拭干净，关闭油门空拉几下，将油排除，安火花塞，重新启动即可。

2. 油路

表现为不着车（不供油），转速不稳，没有高速。作业后应将油门关掉，启动发动机把油杯内剩余的燃油烧尽，这样可以避免汽油挥发后油杯内的机油将主量孔堵塞而造成不吸油、不着车。

（1）当化油器富油时会出现转速不稳，消音器有黑烟冒出，但与电路的故障表现有区别，主要表现为转速上下有缓和，反复出现高低速。这时应将油针取出将扁卡簧向上调 1～2 格，故障即可排除。

（2）操作时，油门开大，转速反而下降，同时缸体温度较高，可判断为贫油，这时将油针取出将扁卡簧向下调 1～2 格，如问题还不解决，打开油杯，观察主量孔是否堵塞，如堵塞将其用针或钢丝通开，如没堵塞将浮子支架向上调 1～2 毫米问题即可排除。

（3）不供油或供油不足，表现为不下油，这时可以从上而下检查油开关及化油器下油孔，确定位置后用钢丝或化油器清洗剂通开，当下油孔堵塞轻微时因供油不足会出现转速不稳，表现为转速有大的反复，应用钢丝通开。

3. 压缩

压缩不足表现为没有高速，不启动或不易启动。此时检查缸盖螺母是否松动，活塞、活塞环是否磨损过度或折断，缸体内壁是否有划痕，镀铬层是否脱落且磨损过度及火花塞是否松动。确定某个或几个零部件松动或损坏时及时紧固或更换。

4. 密封

主要指加垫部位的密封，有缸盖铝垫、缸体纸垫、法兰纸垫、曲轴箱垫、油封和化油器纸垫，其中，除化油器纸垫外其他如有损坏或漏气都会引起机器不能启动。如法兰纸垫、曲轴箱垫，前油封漏气会出现发动机不熄火。当不停车时，先看化油器风阻拉杆有没有放到位，再看法兰固定螺丝是否松动，纸垫有无损坏（大多数下侧漏气），缸体纸垫有无漏气（大多数在曲轴箱结合处上口位置），曲轴箱垫如有机油漏出则可定为漏气，最后检查后油封（磁电极处）。当不着车时，看缸盖铝垫处有无黑油吹出，油封处有无大量机油渗出，其他纸垫有无大部分破损，如有则按位置将故障排除。

5. 杂音

首先，仔细观察是哪个部位发出的声音，如塑与塑（风机与塑料叶轮）之间、塑与铝（风机与铝叶轮）之间、铝与铝（冷却风扇与曲轴箱）之间、铝与铁（回弹器连接盘与回弹器拨插）之间、铁与铁（转子与定子）之间，这些都有固定的位置，所发出的声音也不同。另外，高速时发出很明显的"哗哗"声可确定为轴承处（不多见，属个别），当出现"铛铛"声时，可判断为风机大螺母松动或活塞顶缸盖（顶缸盖属个别，不多见），在确定故障发生位置后动手排除问题。

6. 消音器喷黑油

本机使用混合油做燃料，而机油本身不能燃烧，须中速或高速才能排出发动机外，当机器低速或怠速运转时因速度低大部分不能排出消音器，当起高速时则会大量黑烟伴有黑油喷出，这时可连续开高速，将积在消音器内的黑油排出即可。

三、背负式机动喷雾器使用注意事项及节油技术

1. 供油系统

保持汽化器良好的技术状态，使进入气缸内的混合气不浓也不稀。如混合气过浓，发动机冒黑烟，燃烧不完全，油耗增加，功率下降；混合气过稀，燃烧缓慢，工作时间延长。汽化

器的喷管量孔增大，浮子室油面不正常，油针卡簧和风量活塞高度调整不当等，都会使混合气过浓或过稀，油耗增加，功率下降东方红－18型喷雾器配套的 IE40FP 汽油机。转速达到5 000转/分，就可满足喷雾器要求。如果把油门调整到最大位置，即风量活塞处全开，油针卡簧放在最下格，汽油机转速能达到 6 000转/分以上，此时汽油消耗比正常要高出 27% 左右，使油耗增加。

2. 点火系统

根据资料分析表明，点火角度相差 1°，油耗即增加 1%，点火过早，不仅使气缸内压力升高过早，还使气缸内经常处于爆燃状态，导致烧坏活塞、火花塞绝缘等；点火过迟，混合气的燃烧延迟到上孔点后，燃烧时的最高压力和最高温度下降，由于燃烧时间延长，排气温度升高，热损失增多，使发动机功率下降，油耗增加。白金间隙过大，易产生断火；间隙过小，易烧白金，产生的火花弱，混合气燃烧不彻底，油耗增加。

3. 压缩系统

压缩良好的汽油机，其气缸压力高，混合气点燃速度快，爆发力大，发动机工作效率高。汽缸漏气时，压力降低，发动机工作性能破坏，油耗增加。工作中如发现漏气，应立即排除故障，不要带病工作。气缸、活塞、活塞环等磨损，会引起气缸压力降低；曲轴箱结合面、轴承油封漏气，也会使气缸压力下降，油耗增加。此外，每天作业结束后，用汽油清洗空气滤清器，做到进气干净、无阻。混合油要随用随配。熄火时，要先关油门，尽量不要用断电办法熄火，以免混合油流入曲轴箱，造成混合气过浓，下次启动困难。风扇转动应平稳、无杂音，药具保持完好不变形。夏天作业结束或休息时，应把机器放在阴凉处，不要在太阳下暴晒，以免汽油蒸发造成浪费。

四、施药机械技术保养与长期保存

1. 整机的保养

（1）经常清理机器的油污和灰尘，尤其喷粉作业更应勤擦洗（用清水清洗药箱，汽油机橡胶件只能用布擦不能用水冲）。

（2）喷雾作业后应清除药箱内的残液，并将各部件擦洗干净。

（3）喷粉后，应将粉门处及药箱内外清扫干净，尤其是喷洒颗粒农药后一定要清扫干净。

（4）用汽油清洗化油器。过脏的空滤器会使汽油机功率降低，增加燃油消耗量及使机器启动困难，化油器海绵用汽油清洗，将海绵体吹干后再装，一定要更换已经损坏的过滤器。

2. 汽油机的保养

（1）燃油里混有灰尘、杂质和水，积存过多容易使发动机工作失调，因此应经常清理燃油系统。

（2）油箱及化油器里如有残油，长期不用会结胶，堵塞油路，使发动机不能正常工作，因此，一周以上不使用机器时，一定要将燃油放干净。

（3）每天工作完后要清洗空气滤清器，海绵用汽油清洗后要将油挤干后再装入。

（4）火花塞的间隙为 0.6 ~ 0.7 毫米，应经常检查、过大或过小都应进行调整。

3. 长期保存

（1）将油箱、化油器内的燃油全部放掉，并清洗干净。

（2）将粉门及药箱内外表面清洗干净，特别是粉门部位，如有残留农药就会引起粉门动作不畅，漏粉严重。

（3）将机器外表面擦洗干净，特别是缸体散热片等金属表面涂上防锈油。

（4）卸下火花塞，向汽缸内注入 15～20 克二冲程汽油机专用机油，用手轻拉启动器，将活塞转到上止点位置，装上火花塞。

（5）喷管、塑料管等清洗干净，另行存放，不要暴晒、挤压、碰撞。

（6）整机用塑料薄膜盖好，放到通风干燥的地方。

（7）不要将机器放到靠近火源的地方，也不要放到儿童及未经允许的人接触到的地方。

（8）不要与酸、碱等有腐蚀性的化学物品放在一起。

第七节　常用杀虫灯具及其他

一、佳多频振式杀虫灯

佳多频振式杀虫灯可广泛用于农、林、蔬菜、烟草、仓贮、酒业酿造、园林、果园、城镇绿化、水产养殖等，特别是被棉铃虫侵害的领域。可诱杀农、林、果树、蔬菜等多种害虫，主要有棉铃虫、金龟子、地老虎、玉米螟、吸果夜蛾、甜菜夜蛾、斜纹夜蛾、松毛虫、美国白蛾、天牛等87科1 287种害虫。据试验，平均每天每盏灯诱杀害虫几千头，高峰期可达上万头。降低落卵量达70%左右。诱杀成虫，效果显著。

由于佳多频振式杀虫灯将害虫直接诱杀在成虫期，而不是像农药主要灭杀幼虫，大大提高了防治效果。同时又避免了害虫抗药性的发生和喷洒农药对害虫天敌的误杀，有的用户反映在去年挂灯后，今年田里的害虫很少，而未挂灯的邻村田里则害虫成灾。

1. 保护天敌，维护生态平衡

据试验，频振式杀虫灯的益害比为 1：97.6，比高压汞灯（1：36.7）低 62.4%，表明频振式杀虫灯对害虫天敌的伤害小，诱集害虫专一性强。频振式杀虫灯诱到的活成虫可以将其饲养产卵，作为寄主让寄生蜂寄生后放回大田，让天敌作为饲料，有利于大田天敌种群数量的增长，维护生态平衡。

2. 减少环境污染，降低农药残留

频振式杀虫灯是通过物理方法诱杀害虫，与常规管理相比，每茬减少用药 2~3 次；大大减少农药用量，降低农药残留，提高农产品品质，减少对环境的污染，避免人、畜中毒事件屡屡发生，适合无公害农产品的生产。不会使害虫产生任何抗性，并将害虫杀灭在对农作物的为害之前。具有较好的生态效益和社会效益。

3. 控制面积大，投入成本低

每盏杀虫灯有效控制面积可达 30~60 亩，亩投入成本低，单灯功率 30 瓦，每晚耗电 0.5 千瓦·时，仅为高压汞灯的 9.4%。如果全年开灯按 100 天，每天 8~10 小时计，灯价、电费和其他设备费用，平均每亩投入成本仅为 5.2~6 元，一盏高压汞灯续使用 5~6 年，一次安灯，多年受益；一年如减少两次人工用药防治，以每台控制 60 亩面积计算，可减少药本人工支出 1 500 元左右。

4. 使用简单，操作方便

如果在果园或农田边的池塘里挂上频振式杀虫灯，就形成了一个良性生态链：杀虫灯杀灭害虫—害虫喂鱼—鱼拉粪便肥水—肥水淋施果、菜，既减轻了种养成本，又优化了生态环境。诱捕到的害虫没有农药和化学元素试剂的污染，是家禽、鱼、蛙优质的天然饲料，用于生态养殖，变废为宝，经济效益、生态效益、社会效益显著。

二、佳多牌自动虫情测报灯

随昼夜变化自动开闭、自动完成诱虫、收集、分装等系统作业，留有升级接口。设置了八位自动转换系统，可实现接虫器自动转换。如遇节假日等特殊情况，当天未能及时收虫，虫体可按天存放，从而减轻测报人员工作强度，节省工作时间；利用远红外快速处理虫体。与常规使用毒瓶（氰化钾、敌敌畏）等毒杀昆虫相比，避免造成虫情测报人员的人体危害，减少环境污染；增设雨控装置，雨水自动排出箱外，避免雨水和昆虫的混淆；灯光引诱、远红外处理虫体、接虫器自动转换等功能使虫体新鲜、干燥、完整，利于昆虫种类鉴定，便于制作标本。

佳多牌自动虫情测报灯产品特点如下所述。

1. 采用不锈钢结构，利用光、电、数控技术。

2. 晚上自动开灯，白天自动关灯。减轻测报人员工作强度，节省工作时间。

3. 利用远红外处理虫体。与常规使用毒瓶（氰化钾、敌敌畏等）毒杀方式相比，不会为害测报工作者身体健康，避免有毒物质造成环境污染。

4. 接虫器自动转换。如遇特殊情况，当天没有进行收虫，特设置八位自动转换系统，虫体按天存放。

5. 灯光引诱、远红外处理虫体等功能便于制作标本。

6. 设有雨控装置开关，将雨水自动排出。

7. 诱虫光源：20 瓦黑光灯管或 200 瓦白炽灯泡。

8. 电源电压：交流 220 伏特。

9. 功耗：待机状态 ≤ 5 瓦；工作状态 ≤ 300 瓦（平均功率）。

三、佳多定量风流孢子捕捉仪

佳多定量风流孢子捕捉仪，可检测农林作物生长区域内空气中的真菌孢子及花粉，主要用于监测病害孢子存量及其扩散动态，通过配套工具光电显微镜与计算机连接，显示、存储、编辑病菌图像，为预测和预防病害流行提供可靠数据，是农业植保和植物病理学研究部门必备的病害监测专用设备。也可根据用户需要增设时控、调速装置。

第十章　农药的安全使用

第一节　农药的分类

是指用于预防、消灭或者控制为害农业、林业的病虫草和其他有害生物以及有目的地调节植物、昆虫生长的化学合成或者来源于生物、其他天然物质的一种物质或者几种物质的混合物及制剂。

一、根据农药用途分类

农药的品种很多，分类方法也有多种。例如，根据用途可分为六大类。

1. 杀虫剂

专门防治害虫的药剂。如乐果、抗蚜威、除虫菊酯等。

2. 杀螨剂

专门防治螨类的药剂。如克螨特、双甲脒、尼索朗等。

3. 杀菌剂

对病原体（如为害作物的真菌、细菌等）具有抑制和毒杀作用的药物。如稻瘟净、叶枯宁等。

4. 杀鼠剂

杀灭鼠类的药物。如磷化锌、敌鼠钠盐等。

5. 除草剂

除杂草的药剂。如除草醚、盖草能、苯达松等。

6. 植物生长调节剂

对植物生长机能起促进或抑制作用的药剂。如九二〇（赤霉素）、三十烷醇等。

二、根据农药的毒性分类

根据目前农业生产上常用农药（原药）的毒性综合评价（急性口服、经皮毒性、慢性毒性等），分为高毒、中等毒、低毒三类。

1. 高毒农药

有3911、苏化203、1605、甲基1605、1059、杀螟威、久效磷、磷胺、甲胺磷、异丙磷、三硫磷、氧化乐果、磷化锌、磷化铝、氰化物、呋喃丹、氟乙酰胺、砒霜、杀虫脒、西力生、赛力散、溃疡净、氯化苦、五氯酚、二溴氯丙烷、401等。

2. 中毒农药

有杀螟松、乐果、稻丰散、乙硫磷、亚胺硫磷、皮蝇磷、六六六、高丙体六六六、毒杀芬、氯丹、滴滴涕、西维因、害扑威、叶蝉散、速灭威、混灭威、抗蚜威、倍硫磷、敌敌畏、拟除虫菊酯类、克瘟散、稻瘟净、敌克松、402、福美砷、稻脚青、退菌特、代森铵、代森环、2,4-滴、燕麦敌、毒草胺等。

3. 低毒农药

有敌百虫、马拉松、乙酰甲胺磷、辛硫磷、三氯杀螨醇、多菌灵、托布津、克菌丹、代森锌、福美双、萎锈灵、异稻瘟净、乙磷铝、百菌清、除草醚、敌稗、阿特拉津、去草胺、拉索、杀草丹、二甲四氯、绿麦隆、敌草隆、氟乐灵、苯达松、茅草枯、草甘膦等。

高毒农药只要接触极少量就会引起中毒或死亡。中、低毒农药虽较高毒农药的毒性低，但接触多，抢救不及时也会造成死亡。因此，使用农药必须注意经济和安全。

三、农药的剂型

农药制剂的形态简称为剂型，剂型种类很多，常见的有粉剂、可湿性粉剂、悬浮剂、乳油等。

第二节　农药的购买、运输和保管

一、正确识读农药标签

农药标签是指农药包装物上紧贴或印制的介绍农药产品性能、使用技术、毒性、注意事项等内容的文字、图标式技术资料。农药标签内容如下所述。

1. 农药名称

包括中文商品名、通用名（中文或英文）、有效成分含量和剂型。

2. 农药"三证号"

即农药登记证号、农药生产许可证号或生产批准证号、农药标准号。

3. 使用说明

简明扼要地描述农药的类别、性能和作用特点。按照登记部门批准的使用范围介绍使用方法，包括适用作物、防治对象、施用适期、施用剂量和施用次数。

4. 净含量

在标签的显著位置应注明产品在每个农药包装中的净含

量，用国家法定计量单位克（g）、千克（kg）、吨（t）或毫升（ml）、升（L）等表示。

5. 质量保证期

农药质量保证期可以用以下三种形式的一种方式标明：①注明生产日期（或批号）和质量保证期；②注明产品批号和有效日期；③注明产品批号和失效日期。分类产品的标签应分别注明产品的生产日期和分装日期，其质量保证期执行生产企业规定的质量保证期。

6. 毒性标志

农药的毒性标志一般设在农药标签的右下方；微毒用红色字体注明"微毒"；低毒用红色菱形图表示，并在图中印有红色"低毒"字样；中等毒性用红色菱形图加黑色十字叉表示，并在图中印有红色"中等毒"字样；高毒用黑色菱形图中加入人头骷髅表示，并在图下方印有红色"高毒"字样；剧毒用黑色菱形图中加入人头骷髅表示，并在图下方印有红色"剧毒"字样。

7. 注意事项

①应标明农药与哪些物质不能相混用；②按照登记批准内容，应注明该农药限用的条件、作物和地区；③应注明该农药已制定国家标准的安全间隔期，一季作物最多使用的次数等；④应注明使用该农药时需穿戴的防护用品、安全预防措施及避免事项等；⑤应注明施药器械的清洗方法、残剩药剂的处理方法等；⑥应注明该农药中毒急救措施，必要时应注明对医生的建议等；⑦应注明该农药国家规定的禁止使用的作物和范围等。

8. 储存和运输方法

①应详细注明该农药储存条件的环境要求和注意事项等；

②应注明该农药安全运输、装卸的特殊要求和危险标志；③应注明储存在儿童够不到的地方。

9. 厂名、厂址

应标明与营业执照上一致的生产企业的名称、详细地址、邮政编码、联系电话等。分装产品应分别标明生产企业和分装企业的名称、详细地址、邮政编码、联系电话等。

10. 农药类别颜色标志带

在标签的下方，加一条与底边平行的不褪色的特征颜色标志带，以表示不同农药类别（公共卫生用农药除外）。农药产品中含有两种或两种以上不同类别的有效成分时，其产品颜色标志带应由各有效成分对应的标志带分段组成。除草剂为绿色；杀虫（螨、软体动物）剂为红色；杀菌（线虫）剂为黑色；植物生长调节剂为深黄色；杀鼠剂为蓝色。

11. 象形图

象形图应用黑白两种颜色印刷，通常位于标签的底部。象形图的种类和含义如下图所示。

农药标签上的象形图

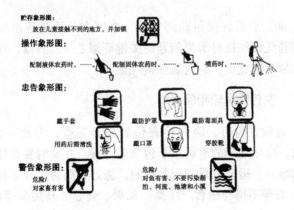

二、购买农药的技巧

1. 根据作物的病虫草害发生情况，确定农药的购买品种，对于自己不认识的病虫草，最好携带样本到农药零售店。

2. 仔细阅读标签，对照标签的 11 项基本要求进行辨别，最好查阅《农药登记公告》进行对照。

3. 选择可靠的销售商，一般生产资料系统、植保和技术推广系统以及厂家直销门市部的产品比较可靠，杀鼠剂和高毒农药的销售，在部分地区需要有专销许可证。

4. 选择熟悉的农药生产厂家的品种，新品种应该在当地通过试验，证明是可行的。

5. 对于大多数病虫害，不要总是购买同一种有效成分的药剂，应该轮换购买不同的品种。

6. 要求农药销售者提供农药的处方单，购买农药时应索要发票，使用时或使用后如发现为假劣农药，应该保留包装物；出现药害应该保留现场或拍下照片，并及时向农药行政主管部门或法律、行政法规规定的有关部门反映，以便及时查处。

7. 购药后最好保留购药凭证，在因农药质量等出现纠纷时，购药凭证往往是解决问题的关键证据之一。所以，应在购药时索取购物凭证，购药后保留凭证。

三、农药的运输和保管

1. 运输农药时，应先检查包装是否完整，发现有渗漏、破裂的，应用规定的材料重新包装后运输，并及时妥善处理被污染的地面、运输工具和包装材料。搬运农药时要轻拿轻放。

2. 农药不得与粮食、蔬菜、瓜果、食品、日用品等混载、混放。

3. 农药应集中在生产队、作业组或专业队，设专用库、专用柜和专人保管，不能分户保存。门窗要牢固，通风条件要好，门、柜要加锁。

4. 农药进出仓库应建立登记手续，不准随意存取。

第三节 农药的药害症状、原因及补救措施

一、农药药害的症状

1. 斑点

这类药害主要表现在作物叶片上，有时也发生在茎秆或果实表皮上。

2. 黄化

在植株茎叶部位均有表现，以叶体黄化发生较多，主要是由于农药药害阻碍了叶绿素的正常光合作用所引起的。

3. 畸形

在植株茎叶和根部均可表现。常见的畸形有卷叶、丛生、肿根、畸形穗、畸形果等。

4. 枯萎

这类药害往往整株表现，大多数是由除草剂使用不当所引起。

5. 生长停滞

这类药害是抑制了作物的正常生长，使整株生长缓慢，一般除草剂药害或多或少都有抑制作物生长现象。

6. 不孕

这类药害是在作物生殖生长期用药不当而引起的不孕症。

7. 脱落

这类药害大多表现在果树及双子叶植物上，有落叶、落花、落果等症状。

8. 劣果

这类药害主要表现在植物的果实上，使果实体积变小，果表异常，品质变劣，影响食用价值。

二、农药药害产生的原因

1. 农药方面

（1）农药的理化性质　在一般情况下，农药对作物都有一定的生理影响。一些广谱性的除草剂，喷施到作物的绿色部位，吸收后干扰植物的苯基丙氨酸的生物合成，使植物茎叶枯黄，根基腐烂而枯死。

（2）农药质量　使用质量差，含杂质或变质的农药是引起药害的重要因素。

（3）混合使用不当　农药之间混用不当也是造成药害的一个因素。例如，敌稗和乐果混用就会造成水稻药害。

（4）药液浓度　农药的使用剂量和喷施浓度超过了植物的承受能力，也可产生药害。

（5）喷施次数　重喷和连喷会引起药害，如用速克毙防治大豆蚜虫时，重喷就会引起大豆药害。

（6）施药方法　施药方法同作物药害有一定关系，例如：稻田使用丁草胺时，茎叶喷雾比毒土法撒施容易产生药害。

2. 作物方面

（1）作物种类和品种　不同作物对每一种农药表现出不同程度的抗药性和敏感性。

（2）作物生育期　作物不同生育期对药剂的敏感反应有

较大的差异。

（3）植株部位　作物各个部位之间对药剂敏感性差异较大。

（4）作物长势　作物长势弱，抗药性差也会产生药害。例如：水稻插秧后缓苗前施用除草剂会引起药害而缓苗后则不易产生药害。

3. 环境方面

（1）温度　气温的高低直接影响到农药的活性，也关系到作物的安全性。在高温环境下农药的活性高，而导致有些农药产生药害。气温高于35℃时不宜使用，另外，低温条件下施药，虽然农药活性低但作物抗性也低，也易产生药害。

（2）湿度和降雨　湿度过大，水分过多是引起药害的原因之一。

（3）风力和风向　在喷施除草剂时，风可导致除草剂产生雾滴飘移，造成敏感作物药害。

（4）土壤质地　黏性重，有机质含量高的土壤对农药黏附力较强，药剂在土壤中移动性小，不易产生药害，而有机质含量低的土壤，沙质土壤上的农作物易产生药害。

三、防止产生药害的方法

防止药害应本着预防为主，防患于未然的原则。因此必须综合考虑各种因素，预防在先。

1. 充分了解药剂性质。要考虑应用药剂品种是否对路，严格控制使用剂量和浓度，选择正确的使用时期和方法，仔细阅读所用药剂使用注意事项，不能任意提高用药量和改变使用方法。

2. 充分了解药剂质量。如可湿性粉剂和胶悬剂的悬浮率下降，乳油稳定性差，有分层，大量沉淀或析出许多结晶，都会产生药害，应避免使用。

3. 提高药剂配制技术及施药技术水平，减少药害的发生。

4. 注意被保护作物种类及不同生育期特点，掌握对药剂敏感的作物种类及不同生育期的耐药能力，选择适宜品种和剂量，避免药害发生。

5. 注意施药时的环境条件，夏季高温（30℃以上）强烈阳光照射，相对湿度低于50%，风速超过3级（大于5米/秒），大雨或露水很大时不能施药，否则易产生药害。

6. 农药混用时，注意所混配品种的特性。

7. 对当地未曾用过的农药在施用前必须进行小面积的药效试验，找出适用量、适用时期和使用方法后才能使用。

8. 抓好施药后的避害措施，在施用完一种农药后，应彻底清洗喷雾器。妥善处理喷雾余液，不可随地乱倒，以免产生药害。

四、及时做好药害的补救

减轻药害的补救措施一般有以下几种。

1. 施肥补救

一般对产生叶部药害，植株黄化等症状的药害，增施肥料可减轻药害程度。

2. 排灌补救

对一些除草剂引起的药害，适当排灌也可减轻药害程度，如农利来引起的药害可通过排灌减轻。

3. 激素补救

对于抑制或干扰植物赤霉素的除草剂、植物生长调节剂，如2,4-D丁酯、二甲四氯、乙烯利等药剂，可喷施赤霉素缓解药害程度。

总之，安全、高效、合理的使用农药，最主要的从根本上避免药害的发生。但是，一旦农作物发生药害，也不要过分悲观、失望，要在作物发生药害后，根据药剂种类和受害程度采取综合性补救措施。药害发生严重时，应在考虑二次药害的前提下，及时补苗或改种，争取把药害造成的损失减少到最低程度。

第四节　科学、合理使用农药

一、农药使用范围

凡已制定"农药安全使用标准"的品种，均按照"标准"的要求执行。尚未制定"标准"的品种，执行下列规定。

1. 高毒农药

不准用于蔬菜、茶叶、果树、中药材等作物，不准用于防治卫生害虫与人、畜皮肤病。除杀鼠剂外，也不准用于毒鼠。氟乙酰胺禁止在农作物上使用，不准做杀鼠剂。"3911"乳油只准用于拌种，严禁喷雾使用。呋喃丹颗粒剂只准用于拌种、用工具沟施或戴手套撒毒土，不准浸水后喷雾。

2. 高残留农药

六六六、滴滴涕、氯丹，不准在果树、蔬菜、茶树、中药材、烟草、咖啡、胡椒、香茅等作物上使用。氯丹只准用于拌种，防治地下害虫。

3. 禁止用农药毒鱼、虾、青蛙和有益的鸟兽。

二、农药使用中的注意事项

1. 配药时，配药人员要戴胶皮手套，必须用量具按照规定的剂量称取药液或药粉，不得任意增加用量。严禁用手拌药。

2. 拌种要用工具搅拌，用多少，拌多少，拌过药的种子应尽量用机具播种。如手撒或点种时必须戴防护手套，以防皮肤吸收中毒。剩余的毒种应销毁，不准用作口粮或饲料。

3. 配药和拌种应选择远离饮用水源、居民点的安全地方，要有专人看管，严防农药、毒种丢失或被人、畜、家禽误食。

4. 使用手动喷雾器喷药时应隔行喷。手动和机动药械均不能左右两边同时喷。大风和中午高温时应停止喷药。药桶内药液不能装得过满，以免晃出桶外，污染施药人员的身体。

5. 喷药前应仔细检查药械的开关、接头、喷头等处螺丝是否拧紧，药桶有无渗漏，以免漏药污染。喷药过程中如发生堵塞时，应先用清水冲洗后再排除故障。绝对禁止用嘴吹吸喷头和滤网。

6. 施用过高毒农药的地方要竖立标志，在一定时间内禁止放牧、割草、挖野菜，以防人、畜中毒。

7. 用药工作结束后，要及时将喷雾器清洗干净，连同剩余药剂一起交回仓库保管，不得带回家去。清洗药械的污水应选择安全地点妥善处理，不准随地泼洒，防止污染饮用水源和养鱼池塘。盛过农药的包装物品，不准用于盛粮食、油、酒、水等食品和饲料。装过农药的空箱、瓶、袋等要集中处理。浸种用过的水缸要洗净集中保管。

三、施药人员的选择和个人防护

1. 施药人员由生产队选拔工作认真负责、身体健康的青壮年担任，并应经过一定的技术培训。

2. 凡体弱多病者，患皮肤病和农药中毒及其他疾病尚未恢复健康者，哺乳期、孕期、经期的妇女，皮肤损伤未愈者不得喷药或暂停喷药。喷药时不准带小孩到作业地点。

3. 施药人员在打药期间不得饮酒。

4. 施药人员打药时必须戴防毒口罩，穿长袖上衣、长裤和鞋、袜。在操作时禁止吸烟、喝水、吃东西，不能用手擦嘴、脸、眼睛，绝对不准互相喷射嬉闹。每日工作后喝水、抽烟、吃东西之前要用肥皂彻底清洗手、脸和漱口。有条件的应洗澡。被农药污染的工作服要及时换洗。

5. 施药人员每天喷药时间一般不得超过 6 小时。使用背负式机动药械，要两人轮换操作。连续施药 3～5 天后应停休 1 天。

6. 操作人员如有头痛、头昏、恶心、呕吐等症状时，应立即离开施药现场，脱去污染的衣服，漱口，擦洗手、脸和皮肤等暴露部位，及时送医院治疗。

四、合理使用

农药的科学、合理使用就是要求贯彻"经济、安全、有效"的原则，从综合治理的角度出发，运用生态学的观点来使用农药。在生产中应注意以下问题。

1. 正确诊断，对症治疗

各种药剂都有一定的性能及防治范围，即使是广谱性药剂也不可能对所有的植物病害或虫害都有效。一般杀虫剂不能治病，杀菌剂不能治虫。在施药前应根据实际情况选择最合适的药剂品种，切实做到对症下药，避免盲目用药。

2. 适期施药

适期施药是做好病、虫、草防治的关键。病、虫、草有其发生规律。农药施用应选择在病、虫、草最敏感的阶段和最薄弱的环节进行，才能取得最好的防治效果。

（1）害虫防治　一般药剂防治害虫时，应在害虫的幼龄期。害虫在幼龄期抗药力弱，有些害虫在早期有群集性，若防治过迟，不仅害虫已造成损失，而且虫龄越大，抗药性增强，防治效果也差，且此时天敌数量较多，药剂易杀伤天敌。许多钻蛀性害虫和地下害虫要到一定龄期才开始蛀孔和入土，及早用药，效果比较明显。

（2）病害防治　对于病害一般要掌握在发病初期施药。因为一旦病菌侵入植物体内，药剂较难发挥作用。

（3）杂草防治　对杂草要掌握在杂草对除草剂最敏感的时期施药。一般在杂草苗期进行最为有利。有时为了避免伤害园艺作物，也常在播种前或发芽前进行。

（4）影响防治的环境条件　可在气温为 20～30℃ 的晴天早晚，或阴天无风或微风时施药，不能在晴天的中午气温高、刮大风、降雨天施药；进入雨季，应选择内吸性药剂或选择耐雨水冲刷的药剂。在保护地内，宜在晴天上午喷药，并要注意天气变化，烟剂和粉尘剂宜在傍晚使用。

3. 合理用药量、用药浓度和施药次数

各类农药使用时，均需按照农药说明书的用量使用，不可任意增减用量及浓度。否则，不仅浪费农药，增加成本，而且还易使植物体产生药害，甚至造成人、畜中毒。

4. 选用适当的剂型和科学的施药技术

根据病、虫、草的发生特点及环境，在药剂选择的基础上，应选择适当的剂型和相应的科学施药技术。例如，在阴雨连绵的季节，防治大棚内的病害应选择粉尘剂或烟剂；防治地下害虫则宜采用毒谷、毒饵、拌种等方法。

5. 轮换用药

长期使用同一种或同一类农药防治某种害虫或病菌，易使害虫或病菌产生抗药性，降低防治效果，病虫越治难度越大。因此，应尽可能地轮换用药，也尽量选用不同作用机制类型的农药品种。

6. 混合用药

将2种或2种以上对病虫具有不同作用机理的农药混合使用，以达到同时兼治病虫、提高防治效果、扩大防治范围、节省劳力的目的。如有机磷制剂与拟除虫菊酯制剂混用、甲霜灵与代森锰锌混用等。农药之间能否混用，主要取决于农药本身的化学性质。农药混合后它们之间不产生化学和物理变化，才可以混用。

第五节 农药中毒的症状、因素和急救措施

在接触农药的过程中，如果农药进入人体，超过了正常人的最大耐受量，使机体的正常生理功能失调，引起毒性为害和病理改变，出现一系列中毒的临床表现，就称为农药中毒。

一、农药毒性的分级

主要是根据对大鼠的急性经口和经皮肤性进行的。依据我国现行的农药产品毒性分级标准，农药毒性分为剧毒、高毒、

中等毒、低毒、微毒五级。

二、农药中毒的症状

农药中毒的症状，有的呈急性发作，有的呈慢性或蓄积性中毒，一般可分为急性和慢性中毒两类。

1. 急性中毒

嘴部麻木，感觉刺痛，厌食、流涎、磨齿、恶心、呕吐、腹泻、肌肉震颤、抽搐、麻痹、昏迷，最后死亡。但有些急性中毒，并不立即发病，而要经过一定的潜伏期，才表现出来。

2. 慢性中毒

食欲不振，头痛、全身不适，有时眼结膜发炎、流泪、皮肤发紫、产生皮疹，特别是皮肤潮湿及多汗时易发生发炎。慢性中毒一般起病缓慢，病程较长，症状难于鉴别，大多没有特异的诊断指标。

三、农药中毒的原因、影响因素及途径

1. 农药中毒的原因

在使用农药过程中发生的中毒叫生产性中毒，造成生产性中毒的主要原因如下所述。

（1）配药不小心，药液污染手部皮肤，没有及时洗净；下风配药或施药，吸入农药过多。

（2）施药方法不正确，如人向前行左右喷药，打湿衣裤；几架药械同时喷药，未按梯形前行和下风侧先行，引起相互影响，造成污染。

（3）不注意个人保护，如不穿长袖衣，长裤、胶靴，赤足露背喷药；配药、拌种时不戴橡胶手套、防毒口罩和护镜等。

（4）喷雾器漏药，或在发生故障时徒手修理，甚至用嘴吹堵在喷头里的杂物，造成农药污染皮肤或经口腔进入人体内。

（5）连续喷药时间过长，经皮肤和呼吸道进入的药量过多，或在施药后不久在田内劳动。

（6）喷药后未洗手、洗脸就吃东西、喝水、吸烟等。

（7）施药人员不符合要求。

（8）在科研、生产、运输和销售过程中因意外事故或防护不严污染严重而发生中毒。

2. 在日常生活中接触农药而发生的中毒叫非生产性中毒，造成非生产性中毒的主要原因包括以下几个方面。

（1）乱用农药，如高毒农药灭虱、灭蚊、治癣或其他皮肤病等。

（2）保管不善，把农药与粮食混放，吃了被农药污染的粮食而中毒。

（3）用农药包装品装食物或用农药空瓶装油、装酒等。

（4）食用近期施药的瓜果、蔬菜。拌过农药的种子或农药毒死的畜禽、鱼虾等。

（5）施药后田水泄漏或清洗药械污染了饮用水源。

（6）有意投毒或因寻短见服农药自杀等。

（7）意外接触农药中毒。

3. 影响农药中毒的相关因素

（1）农药品种及毒性农药的毒性越大，造成中毒的可能性就越大。

（2）气温越高，中毒人数越集中。有90%左右的中毒患者发生在气温30℃以上的7～8月份。

（3）农药剂型乳油发生中毒较多，粉剂中毒少见，颗粒剂、缓释剂较为安全。

（4）施药方式撒毒土、泼浇较为安全；喷雾发生中毒较多。经对施药人员小腿、手掌处农药污染量测定，证实了撒毒土为最少，泼烧为其 10 倍，喷雾为其 150 倍。

4. 农药进入人体引起中毒的途径

（1）经皮肤进入人体这类中毒是由于农药沾染皮肤进到人体内造成的。很多农药溶解在有机溶剂和脂肪中，如一些有机磷农药都可以通过皮肤进入人体内。特别是天热，气温高、皮肤汗水多，血液循环快，容易吸收。皮肤有损伤时，农药更易进入。大量出汗也能促进农药吸收。

（2）经呼吸道进入人体粉剂、熏蒸剂和容易挥发的农药，可以从鼻孔吸入引起中毒。喷雾时的细小雾滴，悬浮于空气中，也易被吸入。在从呼吸道吸的空气中，要特别注意无臭、无味、无刺激性的药剂，这类药剂要比有特殊臭味和刺激性的药剂中毒的可能性大。因为它容易被人们所忽视，在不知不觉中大量吸入体内。

（3）经消化道进入人体各种化学农药都能从消化道进入人体而引起中毒。多见于误服农药或误食被农药污染的食物。经口中毒，农药剂量一般不大，不易彻底消除，所以中毒也较严重，危险性也较大。

四、农药中毒的急救治疗

1. 正确诊断农药中毒情况

农药中毒的诊断必须根据以下几点。

（1）中毒现场调查询问农药接触史，中毒者如清醒则要口述农药接触的过程、农药种类、接触方式、如误服、误用、不遵守操作规程等。如严重中毒不能自述者，则需通过周围人及家属了解中毒的过程和细节。

（2）临床表现结合各种农药中毒相应的临床表现，观察其发病时间、病情发展以及一些典型症状体征。

（3）鉴别诊断排除一些常易混淆的疾病，如施药季节常见的中暑、传染病、多发病。

（4）化验室资料有化验条件的地方，可以参考化验室检查资料，如患者的呕吐物，洗胃抽出物的物理性状以及排泄物和血液等生物材料方面的检查。

2. 现场急救

（1）立即使患者脱离毒物，转移至空气新鲜处，松开衣领，使呼吸畅通，必要时吸氧和进行人工呼吸。

（2）皮肤和眼睛被污染后，要用大量清水冲洗。

（3）误服毒物后须饮水催吐（吞食腐蚀性毒物后不能催吐）。

（4）心脏停跳时进行胸外心脏按摩。患者有惊厥、昏迷、呼吸困难、呕吐等情况时，在护送去医院前，除检查、诊断外，应给予必要的处理：如取出假牙将舌引向前方，保持呼吸畅通，使仰卧，头后倾，以免吞入呕吐物，以及一些对症治疗的措施。

（5）处理其他问题。尽快给患者脱下被农药污染的衣服和鞋袜，然后把污物冲洗掉。在缺水的地方，必须将污物擦干净，再去医院治疗。

现场急救的目的是避免继续与毒物接触，维持病人生命，将重症病人转送到邻近的医院治疗。

3. 对症治疗

根据医生的处置，服用或注射药物来消除中毒产生的症状。

第六节　除草剂

用于防治杂草或有害植物的药剂。除草剂按作用性质分为灭生性除草剂和选择性除草剂。

灭生性除草剂是对所有植物均有杀伤作用的除草剂，如百草枯、草甘膦等。选择性除草剂是指在施药后能有选择地杀死某些植物而对另一些植物杀伤力较小或在一定用量下安全无害的除草剂。如二氯喹啉酸、精噁唑禾草灵等。

按作用方式可分为触杀性除草剂和内吸输导型除草剂两类。触杀性除草剂是指不能在植物体内输导，而只能与植物接触部位发生作用的除草剂。如百草枯等。输导型除草剂是指能通过植物的根、茎、叶吸收，并在其体内输导扩散到全株，破坏其正常的生理功能，而使杂草死亡的除草剂。如草甘膦等。

按使用方法除草剂可分为茎叶处理除草剂和土壤处理除草剂。选择性除草的原理主要有以下几种：一是"位差"选择，即利用植物根系在土层中分布的深浅不同或植物生长点高低的差异而使除草剂产生的选择性。二是"时差"选择，即植物萌发出苗的时间差异而造成的选择性。三是形态选择，即不同植物生长点的裸露程度、叶片形状、结构及株形等差异而产生的选择性。四是生理生化选择性，是指除草剂在植物体内传导数量或吸收量的不同，或分解能力不一样而产生的选择性。

一、免耕田除草剂类

1. 草甘膦

草甘膦是一种内吸传导型广谱灭生性除草剂，凡有光合作用的植物绿色部分均能较好地吸收草甘膦而被杀死。对多年深根杂草破坏力很强，在土壤中能迅速分解失效，故无残留作用，并对未出土的杂草无效，对人、畜低毒。主要剂型为41%草甘膦异丙胺盐水剂和10%草甘膦水剂。用法：主要用于防除茶园、桑园、果园以及休耕、免耕田杂草，包括单子叶植物和双子叶植物，一年生和多年生，草本和灌木等植物。果园除草每亩用41%草甘膦异丙胺盐水剂100~150毫升对水喷雾。免耕田除草每亩用10%草甘膦水剂800~900毫升对水喷雾。注意事项：喷药时不能喷到其他作物上。免耕田除草一周后才能播种。

2. 百草枯

百草枯是一种速效触杀型灭生性除草剂。主要破坏植物的叶绿体，使光合作用和叶绿素合成很快终止。对单子叶和双子叶植物绿色组织均有很强的作用，但无内吸传导作用，只能使着药部位受害。一经与土壤接触，即被吸附钝化。对人、畜中等毒性，一旦中毒无解药。对鱼、蜜蜂安全。主要剂型为20%百草枯水剂。用法：可用于茶园、桑园、果园及休闲地、免耕麦田、油菜田等播种前除草。也可用于甘蔗、玉米、大豆、蔬菜、棉花等作物中后期定向喷雾行间除草。每亩用20%百草枯水剂200~300毫升对水喷雾。注意事项：百草枯不能与带阳离子的农药混用。喷药时切不可将药喷于作物上，否则易发生药害。

二、旱地除草剂类

1. 乙草胺

乙草胺是旱地作物选择性芽前除草剂。可被植物幼芽吸收。有效成分在植物体内干扰核酸代谢及蛋白质合成，使幼芽、幼根停止生长。在土壤中被微生物降解，对后茬作物无影响。毒性低。主要剂型为80%乙草胺乳油。用法：适用于大豆、花生、玉米、棉花、甘蔗、蔬菜等作物防除一年生禾本科及阔叶杂草，对萌芽出土前的杂草效果好，对已出土的杂草无效。一般大豆播前土壤处理每亩用80%乙草胺乳油100～170毫升对水喷雾。注意事项：必须掌握在杂草萌芽前施药。水稻、小麦、韭菜、甜菜、西瓜、黄瓜、菠菜、葫芦科作物和高粱等对乙草胺敏感。

2. 高效吡氟氯禾灵

高效吡氟氯禾灵是一种苗后选择性除草剂，茎叶处理后能很快被禾本科杂草的叶子吸收，传导至整个植株，抑制植物分生组织而杀死禾草。对苗后到分蘖、抽穗初期的一年生和多年生禾本科杂草防效好，对阔叶作物安全。主要剂型为10.8%高效吡氟氯禾灵乳油。用法：广泛用于大豆、花生、棉花、油菜、马铃薯、西瓜等阔叶作物和多种阔叶蔬菜、果园、花卉防除一年生禾本科杂草和多年生杂草。油菜田除草每亩用10.8%高效吡氟氯禾灵乳油25～30毫升喷雾。注意事项：避免药物漂移到玉米、小麦、水稻等作物上。

3. 精噁唑禾草灵

精噁唑禾草灵选择性内吸传导型芽后茎叶处理剂。宜用于杂草2次分蘖前。对人、畜低毒。施药期长，对作物安全，常见的剂型有10%精噁唑禾草灵乳油。用法：主要用于小麦田防除禾本科杂草及草坪苗后防治马唐、牛筋草、稗草、看麦娘、石芽高粱等。防治小麦田禾本科杂草每亩用10%精噁唑禾草灵乳油30～40毫升对水喷雾。注意事项：对水生生物毒性较强，使用时注意保护，霜冻期不宜使用。

4. 苯磺隆

苯磺隆是磺酰脲类内吸传导型芽后选择性除草剂。在土壤中持效期 30～45 天，对禾本科作物安全，对人、畜低毒。主要剂型为 10% 苯磺隆可溶性粉剂。用法：主要用于防治小麦田的双子叶杂草。如马齿苋、苍耳、刺儿草、苦荬菜、播娘蒿等。防治小麦田杂草每亩用 10% 苯磺隆可溶性粉剂 7～14 克，对水喷雾。注意事项：避免在干燥低温时施药。

5. 禾草灵

本品为乳油制剂，为棕色无臭液体，在 20～30℃ 条件下，稳定性可保持 3 年，是一种高度选择性苗后除草剂，具有触杀和内吸作用，能被植物的根和叶吸收。对人、畜低毒，对蜜蜂和鸟类低毒，对鱼类高毒。主要剂型为：36% 禾草灵乳油。用法：适用于麦类、甜菜、大豆、油菜作物田，防除野燕麦、稗、马唐等一年生禾本科杂草。一般在杂草 2～4 叶期使用。麦田每亩用 36% 禾草灵乳油 133～167 毫升，大豆田每亩用 36% 禾草灵乳油 167～200 毫升对水喷雾。注意事项：不宜在高温下使用。

三、水田除草剂类

1. 二氯喹啉酸

二氯喹啉酸：是一种稻田除稗剂，主要通过稗草根的吸收，在稗草内传导。对鱼低毒，对蜜蜂、家蚕、鸟类无影响。对高龄稗草药效突出。主要剂型为 25% 二氯喹啉酸可湿性粉剂。用法：主要用于水稻田防除稗草。可用于秧田、直播田、移栽田。每亩用 25% 二氯喹啉酸可湿性粉剂 30～60 克对水喷雾或拌毒土撒施。注意事项：本品在直播田或秧田使用时必须在秧苗 2～3 叶期使用为宜。对萝卜、芹菜敏感。

2. 苄嘧磺隆

苄嘧磺隆是选择性内吸传导型除草剂。有效成分可在水中迅速扩散，由杂草根部或叶片吸收传导到杂草各部位，幼嫩组织发黄，抑制叶片生长，阻碍根部生长而坏死。对水稻安全。主要剂型为10%苄嘧磺隆可湿性粉剂。用法：适用于不同土质、各种类型的稻田除草。水稻移栽前或移栽后3周均可使用。每亩用10%苄嘧磺隆可湿性粉剂13.3～20克拌细土20千克，田间水层3～5厘米，均匀撒施，保水5～7天。注意事项：施药时田内必须有水层3～5厘米。

第七节　植物生长调节剂

一、多效唑

是植物生长延缓剂。是三唑类植物生长调节剂，明显减弱顶端优势，促进侧芽滋生。对人、畜、鸟类、蜜蜂低毒。主要剂型为15%多效唑可湿性粉剂。用法：用于水稻及其他作物，控制节间生长。也可用于桃、梨、柑橘、苹果等果树的控梢保果。防治水稻倒伏，每亩用33克对水喷雾。果树控梢可使用15%多效唑可湿性粉剂75～100倍液叶面喷雾或灌根。注意事项：多效唑在土壤中残留时间较长，施药田块必须翻耕，以防止对后作产生影响。

二、芸薹素内酯

芸薹素内酯为含甾醇类植物激素，是一种新的内源激素，具有增强植物营养生长，促进细胞分裂和生殖生长的作用。对人、畜、鱼类低毒。主要剂型为0.01%芸薹素内酯粉剂，0.0075%芸薹素内酯水剂。用法：用于小麦、玉米、水稻等各种作物增强根系及光合作用，提高产量。用于果树可保花保果，改善品质。可作叶面喷施或浸种、拌种等处理。例如：小麦孕期用 0.01～0.05 毫克/千克的药液进行叶面喷雾，增产效果最显著，一般可增产 7%～15%；抽雄前以 0.01 毫克/千克的药液喷雾玉米整株，可增产 20%，吐丝后处理也有增加千粒重的效果。也可用于油菜蕾期、幼荚期。水果花期、幼果期、蔬菜苗期和旺长期；豆类花期、幼荚期等增产效果都很好。注意事项：喷药时间宜在早上露水干后为佳。下雨不能喷施，喷药后 6 小时遇雨应补喷。不能与碱性农药混用。贮存在阴凉通风处。

附录一 《中华人民共和国农业部公告》（199 号）

为从源头上解决农产品尤其是蔬菜、水果、茶叶的农药残留超标问题，农业部在对甲胺磷等 5 种高毒有机磷农药加强登记管理的基础上，又停止受理一批高毒、剧毒农药登记申请，撤销一批高毒农药在一些作物上的登记。现公布国家明令禁止使用的农药和不得在蔬菜、果树、茶叶、中草药材上使用的高毒农药品种清单。

一、国家明令禁止使用的农药

六六六，滴滴涕，毒杀芬，二溴氯丙烷，杀虫脒，二溴乙烷，除草醚，艾氏剂，狄氏剂，汞制剂，砷，铅类，敌枯双，氟乙酰胺，甘氟，毒鼠强，氟乙酸钠，毒鼠硅。

二、在蔬菜、果树、茶叶、草药材上不得使用和限制使用的农药

甲胺磷，甲基对硫磷，对硫磷，久效磷，磷胺，甲拌磷，甲基异柳磷，物丁硫磷，甲基硫环磷，治螟磷，内吸磷，克百威，涕灭威，灭线磷，硫环磷，蝇毒磷，地虫硫磷，氯唑磷，苯线磷 19 种高毒农药不得用于蔬菜、果树、茶叶、中草药材上。三氯杀螨醇、氰戊菊酯不得用于茶树上。任何农药产品都不得超出农药登记批准的使用范围作用。

附录二 辨识假劣农药

伪劣农药的为害是十分严重的，它往往使用药者浪费了资金、人力，更导致防治效果不好，农作物病虫害得不到有效控制，严重时导致作物为害，对生产造成严重破坏。因此，避免购进伪劣农药，是保证农业生产顺利进行的前提之一。假劣农药的辨别可以从以下几个方面进行：

一、看包装

农药产品内外包装应完整，不能有破损或泄露现象。

1. 根据国家标准，《农药包装通则》规定，农药的外包装箱，应采用带防潮层的瓦楞纸板。外包装窗口要有标签，标明品名、类别、规格、毛重、净重、生产日期、批号、储运指示标志、生产厂名，在最下方还应有一条标明农药的类别：除草剂—绿色；杀虫剂—红色；杀菌剂—黑色；杀鼠剂—蓝色；植物生长调节剂—深黄色。

2. 农药外包装中，必须有合格证、说明书。农药制剂内包装上，必须牢固黏贴标签，或者直接印刷、标示在包装上。标签内容包括，产品通用品名、企业名称、有效成分、剂型、规格、农药登记证号、产品标准代号、准产号、净重或净体积、适用范围、使用方法、施用禁忌、中毒症状和急救、药害、安全间隔期、储存要求等。

二、看实物形状

1. 粉剂、可湿性粉剂应为疏松粉末，无团块。如有结块或有较多的颗粒感，说明已受潮，不仅产品的细度达不到要求，其有效期限、有效成分含量也可能会发生变化。如果产品颜色不匀，亦说明可能存在质量问题。

2. 乳油应为均相液体，无沉淀或悬浮物。如出现分层和混浊现象，或者加水稀释后的乳状液不均匀或有浮油、沉淀物，都说明产品质量可能有问题。

3. 悬浮剂、悬乳剂应为可流动的悬浮液，无结块产品长期存放后，可能存在少量分层现象，但经摇晃后应能恢复原状。如果经摇晃后，产品不能恢复原状或仍有结块，说明产品存在质量问题。

4. 熏蒸用的片剂如呈粉末状，表明已失效。

5. 水剂应为均相液体，无沉淀或悬浮物，加水稀释后一般也不出现混浊沉淀。

6. 颗粒剂产品应粗细均匀，不应含有许多粉末。

三、鉴别方法

1. 水溶解法

将乳剂农药取出少许放入盛有水的容器中，搅拌后观察溶解情况，若立刻变为乳白色液体，属真农药，若出现油水分离现象或溶解程度差则是假农药。

2. 加热法

把已经产生沉淀的乳剂农药连瓶放入热水中，1小时后，未失效农药的沉淀物会缓慢溶化，而失效农药的沉淀物不溶解。

3. 摇荡法

一般乳剂农药瓶内出现分层现象，上层是乳油，下层是沉淀，可用力摇动药瓶，使农药均匀，静置 1 小时，若还是分层，证明农药变质失效；若分层消失，说明农药尚未失效。

4. 烧灼法

可取多菌灵粉剂农药 10～20 克，放在金属片上置于火上烧烤。若冒出白烟，证明未失效，否则已失效。

5. 悬乳法

对可湿性粉剂，取 50 克药倒入瓶中，加少量水调成糊状，再加适量清水搅拌均匀，稍等一会儿进行观察。没有变质的农药，其粉粒较细，悬乳性好，沉淀慢而少；已变质的农药或假农药悬乳性差，沉淀快而多；介于二者之间说明药效已经降低。另外，也可以将农药样品撒到水面上，1～2 分钟观察，若全部湿润，说明有效；若长时间的漂浮在水面，不湿润，说明失效或效果降低。

四、看农药产品价格

同一种规格的同一种产品，销售价格大体相同。如某种产品的销售价格与同类产品价格差异过大（过低或过高），农民朋友应特别留意，切不可贪图便宜或受经销商夸大其词的不实宣传所蒙蔽，以避免购买到假劣产品或不合格产品。假劣产品或不合格产品（一般为过低价）施用后效果不好或施用后易对作物产生药害。

附录三　农药安全使用规范总则

1. 范围

本标准规定了使用农药人员的安全防护和安全操作的要求。本标准适用于农业使用农药人员。

2. 术语和定义

（1）持效期　农药施用后，能够有效控制农作物病、虫、草和其他有害生物为害所持续的时间。

（2）安全使用间隔期　最后一次施药至作物收获时安全允许间隔的天数。

（3）农药残留　农药使用后在农产品和环境中的农药活性成分及其在性质上和数量上有毒理学意义的代谢（或降解、转化）产物。

（4）用药量　单位面积上施用农药制剂的体积或质量。

（5）施药液量　单位面积上喷施药液的体积。

（6）低容量喷雾　每公顷施药液量在 50~200 升（大田作物）或 200~500 升（树木或灌木林）的喷雾方法。

（7）高容量喷雾　每公顷施药液量在 600 升以上（大田作物）或 1 000 升以上（树木或灌木林）的喷雾方法。也称常规喷雾法。

3. 农药选择

（1）按照国家政策和有关法规规定选择　应按照农药产品登记的防治对象和安全使用间隔期选择农药。严禁选用国家禁止生产、使用的农药；选择限用的农药应按照有关规定；不得选择剧毒、高毒农药用于蔬菜、茶叶、果树、中药材等作物和防治卫生害虫。

（2）根据防治对象选择　一是要在施药前应调查病、虫、草和其他有害生物发生情况，对不能识别和不能确定的，应查阅相关资料或咨询有关专家，明确防治对象并获得指导性防治意见后，根据防治对象选择合适的农药品种。二是在病、虫、草和其他有害生物单一发生时，应选择对防治对象专一性强的农药品种；混合发生时，应选择对防治对象有效的农药。三是在一个防治季节应选择不同作用机理的农药品种交替使用。

（3）根据农作物和生态环境安全要求选择　应选择对处理作物、周边作物和后茬作物安全的农药品种。应选择对天敌和其他有益生物安全的农药品种。应选择对生态环境安全的农药品种。

4. 农药购买

购买农药应到具有农药经营资格的经营点，购药后应索取购药凭证或发票。所购买的农药应具有符合要求的标签以及符合要求的农药包装。

5. 农药配制

（1）量取　量取农药前，先准确核定施药面积，根据农药标签推荐的农药使用剂量或植保技术人员的推荐，计算用药量和施药液量。在此基础上准确量取农药，量具专用。

在量取农药的安全操作：①量取和称量农药应在避风处操作；②所有称量器具在使用后都要清洗，冲洗后的废液应在远离居所、水源和作物的地点妥善处理。用于量取农药的器皿不得做其他用途；③在量取农药后，封闭原农药包装并将其安全贮存。农药在使用前应始终保存在其原包装中。

（2）配制　①场所，应选择在远离水源、居所、畜牧栏等场所；②时间，应现用现配，不宜久置；短时存放时，应密封并安排专人保管；③操作，应根据不同的施药方法和防治对象、作物种类和生长时期确定施药液量。应选择没有杂质的清水配制农药，不应用配制农药的器具直接取水，药液不应超过额定容量。应根据农药剂型，按照农药标签推荐的方法配制农药。配制现混现用的农药，应按照农药标签上的规定或在技术人员的指导下进行操作。应采用"二次法"进行操作。

（3）用水稀释的农药　先用少量水将农药制剂稀释成"母液"，然后再将"母液"进一步稀释至所需要的浓度。

（4）用固体载体稀释的农药　应先用少量稀释载体（细土、细沙、固体肥料等）将农药制剂均匀稀释成"母粉"，然后再进一步稀释至所需要的用量。

6. 农药施用

（1）施药时间　根据病、虫、草和其他有害生物发生程度和药剂本身性能，结合植保部门的病虫情报信息，确定是否施药和施药适期。不应在高温、雨天及风力大于 3 级时施药。

（2）施药器械　①施药器械的选择：应综合考虑防治对象、防治场所、作物种类和生长情况、农药剂型、防治方法、防治规模等情况：小面积喷洒农药宜选择手动喷雾器；较大面积喷洒农药宜选用背负机动气力喷雾机，果园宜采用风送弥雾机；大面积喷洒农药宜选用喷杆喷雾机或飞机；②应选择正规厂家生产、经国家质检部门检测合格的药械；③应根据病、虫、草和其他有害生物防治需要和施药器械类型选择合适的喷头，定期更换磨损的喷头：喷洒除草剂和生长调节剂应采用扇形雾喷头或激射式喷头；喷洒杀虫剂和杀菌剂宜采用空心圆锥雾喷头或扇形雾喷头；禁止在喷杆上混用不同类型的喷头。

（3）施药方法 应按照农药产品标签或说明书规定，根据农药作用方式、农药剂型、作物种类和防治对象及其生物行为情况选择合适的施药方法。施药方法包括喷雾、撒颗粒、喷粉、拌种、熏蒸、涂抹、注射、灌根、毒饵等。

7. 施药的安全操作

（1）田间施药作业

①应根据风速（力）和施药器械喷洒部件确定有效喷幅，并测定喷头流量，按以下公式计算出作业时的行走速度：

$$V = \frac{Q}{q \times B} \times 10 \tag{1}$$

式中：

V——行走速度，米/秒；

Q——喷头流量，毫升/秒；

q——农艺上要求的施药液量，升/公顷；

B——喷雾时的有效喷幅，米。

②应根据施药机械喷幅和风向确定田间作业行走路线。使用喷雾机具施药时，作业人员应站在上风向，顺风隔行前进或逆风退行两边喷洒，严禁逆风前行喷洒农药和在施药区穿行。

③背负机动气力喷雾机宜采用降低容量喷雾方法，不应将

喷头直接对着作物喷雾和沿前进方向摇摆喷洒。

④使用手动喷雾器喷洒除草剂时，喷头一定要加装防护罩，对准有害杂草喷施。喷洒除草剂的药械宜专用，喷雾压力应在 0.3 兆帕以下。

⑤喷杆喷雾机应具有三级过滤装置，末级过滤器的滤网孔对角线尺寸应小于喷孔直径的 2/3。

⑥施药过程中遇喷头堵塞等情况时，应立即关闭截止阀，先用清水冲洗喷头，然后戴着乳胶手套进行故障排除，用毛刷疏通喷孔，严禁用嘴吹吸喷头和滤网。

（2）设施内施药作业

①采用喷雾法施药时，宜采用低容量喷雾法，不宜采用高容量喷雾法。

②采用烟雾法、粉尘法、电热熏蒸法等施药时，应在傍晚封闭棚室后进行，次日应通风 1 小时后人员方可进入。

③采用土壤熏蒸法进行消毒处理期间，人员不得进入棚室。

④热烟雾机在使用时和使用后半个小时内，应避免触摸机身。

8. 安全防护

（1）人员　配制和施用农药人员应身体健康，经过专业技术培训，具备一定的植保知识。严禁儿童、老人、体弱多病者、经期、孕期、哺乳期妇女参与上述活动。

（2）防护　配制和施用农药时应穿戴必要的防护用品，严禁用手直接接触农药，谨防农药进入眼睛、接触皮肤或吸入体内。应按照 GB 12475 的规定执行。

9. 农药施用后

（1）警示标志　施过农药的地块要竖立警示标志，在农药的持效期内禁止放牧和采摘，施药后24小时内禁止进入。

（2）剩余农药的处理

①未用完农药制剂应保存在其原包装中，并密封贮存于上锁的地方，不得用其他容器盛装，严禁用空饮料瓶分装剩余农药。

②未喷完药液（粉）在该农药标签许可的情况下，可再将剩余药液用完。对于少量的剩余药液，应妥善处理。

（3）废容器和废包装的处理

①处理方法：玻璃瓶应冲洗3次，砸碎后掩埋；金属罐和金属桶应冲洗3次，砸扁后掩埋；塑料容器应冲洗3次，砸碎后掩埋或烧毁；纸包装应烧毁或掩埋。

②安全注意事项：焚烧农药废容器和废包装应远离居所和作物，操作人员不得站在烟雾中，应阻止儿童接近。掩埋废容器和废包装应远离水源和居所。不能及时处理的废农药容器和废包装应妥善保管，应阻止儿童和牲畜接触。不应用废农药容器盛装其他农药，严禁用作人、畜饮食用具。

（4）清洁与卫生

①施药器械的清洗：不应在小溪、河流或池塘等水源中冲洗或洗涮施药器械，洗涮过施药器械的水应倒在远离居民点、水源和作物的地方。

②防护服的清洗：施药作业结束后，应立即脱下防护服及其他防护用具，装入事先准备好的塑料袋中带回处理。带回的各种防护服、用具、手套等物品，应立即清洗2~3遍，晾干存放。施药人员在施药作业结束后，应及时用肥皂和清水清洗

身体，并更换干净衣服。

（5）用药档案记录

每次施药应记录天气状况、作物种类、用药时间、药剂品种、防治对象、用药量、对水量、喷洒药液量、施用面积、防治效果、安全性。

10. 农药中毒现场急救

（1）中毒者自救

①施药人员如果将农药溅入眼睛内或皮肤上，应及时用大量干净、清凉的水冲洗数次或携带农药标签前往医院就诊。

②施药人员如果出现头痛、头昏、恶心、呕吐等农药中毒症状，应立即停止作业，离开施药现场，脱掉污染衣服或携带农药标签前往医院就诊。

（2）中毒者救治

①发现施药人员中毒后，应将中毒者放在阴凉、通风的地方，防止受热或受凉。

②应带上引起中毒的农药标签立即将中毒者送至最近的医院采取医疗措施救治。

③如果中毒者出现停止呼吸现象，应立即对中毒者施以人工呼吸。

附录四　中华人民共和国主席令

第四十九号

《中华人民共和国农产品质量安全法》已由中华人民共和国第十届全国人民代表大会常务委员会第二十一次会议于2006年4月29日通过，现予公布，自2006年11月1日起施行。

中华人民共和国主席　胡锦涛

2006年4月29日

中华人民共和国农产品质量安全法

（2006年4月29日第十届全国人民代表大会
常务委员会第二十一次会议通过）

目　录

第一章　总　则

第二章　农产品质量安全标准

第三章　农产品产地

第四章　农产品生产

第五章　农产品包装和标识

第六章　监督检查

第七章　法律责任

第八章 附 则

第一章 总 则

第一条 为保障农产品质量安全，维护公众健康，促进农业和农村经济发展，制定本法。

第二条 本法所称农产品，是指来源于农业的初级产品，即在农业活动中获得的植物、动物、微生物及其产品。

本法所称农产品质量安全，是指农产品质量符合保障人的健康、安全的要求。

第三条 县级以上人民政府农业行政主管部门负责农产品质量安全的监督管理工作；县级以上人民政府有关部门按照职责分工，负责农产品质量安全的有关工作。

第四条 县级以上人民政府应当将农产品质量安全管理工作纳入本级国民经济和社会发展规划，并安排农产品质量安全经费，用于开展农产品质量安全工作。

第五条 县级以上地方人民政府统一领导、协调本行政区域内的农产品质量安全工作，并采取措施，建立健全农产品质量安全服务体系，提高农产品质量安全水平。

第六条 国务院农业行政主管部门应当设立由有关方面专家组成的农产品质量安全风险评估专家委员会，对可能影响农产品质量安全的潜在为害进行风险分析和评估。

国务院农业行政主管部门应当根据农产品质量安全风险评估结果采取相应的管理措施，并将农产品质量安全风险评估结果及时通报国务院有关部门。

第七条 国务院农业行政主管部门和省、自治区、直辖市人民政府农业行政主管部门应当按照职责权限，发布有关农产品质量安全状况信息。

第八条 国家引导、推广农产品标准化生产，鼓励和支持生产优质农产品，禁止生产、销售不符合国家规定的农产品质量安全标准的农产品。

第九条 国家支持农产品质量安全科学技术研究，推行科学的质量安全管理方法，推广先进安全的生产技术。

第十条 各级人民政府及有关部门应当加强农产品质量安全知识的宣传，提高公众的农产品质量安全意识，引导农产品生产者、销售者加强质量安全管理，保障农产品消费安全。

第二章 农产品质量安全标准

第十一条 国家建立健全农产品质量安全标准体系。农产品质量安全标准是强制性的技术规范。

农产品质量安全标准的制定和发布，依照有关法律、行政法规的规定执行。

第十二条 制定农产品质量安全标准应当充分考虑农产品质量安全风险评估结果，并听取农产品生产者、销售者和消费者的意见，保障消费安全。

第十三条 农产品质量安全标准应当根据科学技术发展水平以及农产品质量安全的需要，及时修订。

第十四条 农产品质量安全标准由农业行政主管部门商有关部门组织实施。

第三章 农产品产地

第十五条 县级以上地方人民政府农业行政主管部门按照保障农产品质量安全的要求，根据农产品品种特性和生产区域大气、土壤、水体中有毒有害物质状况等因素，认为不适宜特定农产品生产的，提出禁止生产的区域，报本级人民政府批准后公布。具体办法由国务院农业行政主管部门商国务院环境保护行政主管部门制定。

农产品禁止生产区域的调整，依照前款规定的程序办理。

第十六条 县级以上人民政府应当采取措施，加强农产品基地建设，改善农产品的生产条件。

县级以上人民政府农业行政主管部门应当采取措施，推进保障农产品质量安全的标准化生产综合示范区、示范农场、养殖小区和无规定动植物疫病区的建设。

第十七条 禁止在有毒有害物质超过规定标准的区域生产、捕捞、采集食用农产品和建立农产品生产基地。

第十八条 禁止违反法律、法规的规定向农产品产地排放或者倾倒废水、废气、固体废物或者其他有毒有害物质。

农业生产用水和用作肥料的固体废物，应当符合国家规定的标准。

第十九条 农产品生产者应当合理使用化肥、农药、兽药、农用薄膜等化工产品，防止对农产品产地造成污染。

第四章 农产品生产

第二十条 国务院农业行政主管部门和省、自治区、直辖市人民政府农业行政主管部门应当制定保障农产品质量安全的生产技术要求和操作规程。县级以上人民政府农业行政主管部门应当加强对农产品生产的指导。

第二十一条 对可能影响农产品质量安全的农药、兽药、饲料和饲料添加剂、肥料、兽医器械，依照有关法律、行政法规的规定实行许可制度。

国务院农业行政主管部门和省、自治区、直辖市人民政府农业行政主管部门应当定期对可能危及农产品质量安全的农药、兽药、饲料和饲料添加剂、肥料等农业投入品进行监督抽查，并公布抽查结果。

第二十二条 县级以上人民政府农业行政主管部门应当加强对农业投入品使用的管理和指导，建立健全农业投入品的安全使用制度。

第二十三条 农业科研教育机构和农业技术推广机构应当加强对农产品生产者质量安全知识和技能的培训。

第二十四条 农产品生产企业和农民专业合作经济组织应当建立农产品生产记录，如实记载下列事项：

（一）使用农业投入品的名称、来源、用法、用量和使用、停用的日期；

（二）动物疫病、植物病虫草害的发生和防治情况；

（三）收获、屠宰或者捕捞的日期。

农产品生产记录应当保存二年。禁止伪造农产品生产记录。

国家鼓励其他农产品生产者建立农产品生产记录。

第二十五条 农产品生产者应当按照法律、行政法规和国务院农业行政主管部门的规定，合理使用农业投入品，严格执行农业投入品使用安全间隔期或者休药期的规定，防止危及农产品质量安全。

禁止在农产品生产过程中使用国家明令禁止使用的农业投入品。

第二十六条 农产品生产企业和农民专业合作经济组织，应当自行或者委托检测机构对农产品质量安全状况进行检测；经检测不符合农产品质量安全标准的农产品，不得销售。

第二十七条 农民专业合作经济组织和农产品行业协会对其成员应当及时提供生产技术服务，建立农产品质量安全管理制度，健全农产品质量安全控制体系，加强自律管理。

第五章　农产品包装和标识

第二十八条　农产品生产企业、农民专业合作经济组织以及从事农产品收购的单位或者个人销售的农产品，按照规定应当包装或者附加标识的，须经包装或者附加标识后方可销售。包装物或者标识上应当按照规定标明产品的品名、产地、生产者、生产日期、保质期、产品质量等级等内容；使用添加剂的，还应当按照规定标明添加剂的名称。具体办法由国务院农业行政主管部门制定。

第二十九条　农产品在包装、保鲜、贮存、运输中所使用的保鲜剂、防腐剂、添加剂等材料，应当符合国家有关强制性的技术规范。

第三十条　属于农业转基因生物的农产品，应当按照农业转基因生物安全管理的有关规定进行标识。

第三十一条　依法需要实施检疫的动植物及其产品，应当附具检疫合格标志、检疫合格证明。

第三十二条　销售的农产品必须符合农产品质量安全标准，生产者可以申请使用无公害农产品标志。农产品质量符合国家规定的有关优质农产品标准的，生产者可以申请使用相应的农产品质量标志。

禁止冒用前款规定的农产品质量标志。

第六章　监督检查

第三十三条　有下列情形之一的农产品，不得销售：

（一）含有国家禁止使用的农药、兽药或者其他化学物质的；

（二）农药、兽药等化学物质残留或者含有的重金属等有毒有害物质不符合农产品质量安全标准的；

（三）含有的致病性寄生虫、微生物或者生物毒素不符合农产品质量安全标准的；

（四）使用的保鲜剂、防腐剂、添加剂等材料不符合国家有关强制性的技术规范的；

（五）其他不符合农产品质量安全标准的。

第三十四条 国家建立农产品质量安全监测制度。县级以上人民政府农业行政主管部门应当按照保障农产品质量安全的要求，制定并组织实施农产品质量安全监测计划，对生产中或者市场上销售的农产品进行监督抽查。监督抽查结果由国务院农业行政主管部门或者省、自治区、直辖市人民政府农业行政主管部门按照权限予以公布。

监督抽查检测应当委托符合本法第三十五条规定条件的农产品质量安全检测机构进行，不得向被抽查人收取费用，抽取的样品不得超过国务院农业行政主管部门规定的数量。上级农业行政主管部门监督抽查的农产品，下级农业行政主管部门不得另行重复抽查。

第三十五条 农产品质量安全检测应当充分利用现有的符合条件的检测机构。

从事农产品质量安全检测的机构，必须具备相应的检测条件和能力，由省级以上人民政府农业行政主管部门或者其授权的部门考核合格。具体办法由国务院农业行政主管部门制定。

农产品质量安全检测机构应当依法经计量认证合格。

第三十六条 农产品生产者、销售者对监督抽查检测结果有异议的，可以自收到检测结果之日起五日内，向组织实施农产品质量安全监督抽查的农业行政主管部门或者其上级农业行政主管部门申请复检。

采用国务院农业行政主管部门会同有关部门认定的快速检测方法进行农产品质量安全监督抽查检测，被抽查人对检测结果有异议的，可以自收到检测结果时起四小时内申请复检。复检不得采用快速检测方法。

因检测结果错误给当事人造成损害的，依法承担赔偿责任。

第三十七条　农产品批发市场应当设立或者委托农产品质量安全检测机构，对进场销售的农产品质量安全状况进行抽查检测；发现不符合农产品质量安全标准的，应当要求销售者立即停止销售，并向农业行政主管部门报告。

农产品销售企业对其销售的农产品，应当建立健全进货检查验收制度；经查验不符合农产品质量安全标准的，不得销售。

第三十八条　国家鼓励单位和个人对农产品质量安全进行社会监督。任何单位和个人都有权对违反本法的行为进行检举、揭发和控告。有关部门收到相关的检举、揭发和控告后，应当及时处理。

第三十九条　县级以上人民政府农业行政主管部门在农产品质量安全监督检查中，可以对生产、销售的农产品进行现场检查，调查了解农产品质量安全的有关情况，查阅、复制与农产品质量安全有关的记录和其他资料；对经检测不符合农产品质量安全标准的农产品，有权查封、扣押。

第四十条　发生农产品质量安全事故时，有关单位和个人应当采取控制措施，及时向所在地乡级人民政府和县级人民政府农业行政主管部门报告；收到报告的机关应当及时处理并报上一级人民政府和有关部门。发生重大农产品质量安全事故时，农业行政主管部门应当及时通报同级食品药品监督管理部门。

第四十一条　县级以上人民政府农业行政主管部门在农产品质量安全监督管理中，发现有本法第三十三条所列情形之一的农产品，应当按照农产品质量安全责任追究制度的要求，查明责任人，依法予以处理或者提出处理建议。

第四十二条　进口的农产品必须按照国家规定的农产品质量安全标准进行检验；尚未制定有关农产品质量安全标准的，应当依法及时制定，未制定之前，可以参照国家有关部门指定的国外有关标准进行检验。

第七章　法律责任

第四十三条　农产品质量安全监督管理人员不依法履行监督职责，或者滥用职权的，依法给予行政处分。

第四十四条　农产品质量安全检测机构伪造检测结果的，责令改正，没收违法所得，并处五万元以上十万元以下罚款，对直接负责的主管人员和其他直接责任人员处一万元以上五万元以下罚款；情节严重的，撤销其检测资格；造成损害的，依法承担赔偿责任。

农产品质量安全检测机构出具检测结果不实，造成损害的，依法承担赔偿责任；造成重大损害的，并撤销其检测资格。

第四十五条　违反法律、法规规定，向农产品产地排放或者倾倒废水、废气、固体废物或者其他有毒有害物质的，依照有关环境保护法律、法规的规定处罚；造成损害的，依法承担赔偿责任。

第四十六条　使用农业投入品违反法律、行政法规和国务院农业行政主管部门的规定的，依照有关法律、行政法规的规定处罚。

第四十七条　农产品生产企业、农民专业合作经济组织未建立或者未按照规定保存农产品生产记录的，或者伪造农产品生产记录的，责令限期改正；逾期不改正的，可以处二千元以下罚款。

第四十八条　违反本法第二十八条规定，销售的农产品未按照规定进行包装、标识的，责令限期改正；逾期不改正的，可以处二千元以下罚款。

第四十九条　有本法第三十三条第四项规定情形，使用的保鲜剂、防腐剂、添加剂等材料不符合国家有关强制性的技术规范的，责令停止销售，对被污染的农产品进行无害化处理，对不能进行无害化处理的予以监督销毁；没收违法所得，并处二千元以上二万元以下罚款。

第五十条　农产品生产企业、农民专业合作经济组织销售的农产品有本法第三十三条第一项至第三项或者第五项所列情形之一的，责令停止销售，追回已经销售的农产品，对违法销售的农产品进行无害化处理或者予以监督销毁；没收违法所得，并处二千元以上二万元以下罚款。

农产品销售企业销售的农产品有前款所列情形的，依照前款规定处理、处罚。

农产品批发市场中销售的农产品有第一款所列情形的，对违法销售的农产品依照第一款规定处理，对农产品销售者依照第一款规定处罚。

农产品批发市场违反本法第三十七条第一款规定的，责令改正，处二千元以上二万元以下罚款。

第五十一条　违反本法第三十二条规定，冒用农产品质量标志的，责令改正，没收违法所得，并处二千元以上二万元以下罚款。

第五十二条 本法第四十四条、第四十七条至第四十九条、第五十条第一款、第四款和第五十一条规定的处理、处罚，由县级以上人民政府农业行政主管部门决定；第五十条第二款、第三款规定的处理、处罚，由工商行政管理部门决定。

法律对行政处罚及处罚机关有其他规定的，从其规定。但是，对同一违法行为不得重复处罚。

第五十三条 违反本法规定，构成犯罪的，依法追究刑事责任。

第五十四条 生产、销售本法第三十三条所列农产品，给消费者造成损害的，依法承担赔偿责任。

农产品批发市场中销售的农产品有前款规定情形的，消费者可以向农产品批发市场要求赔偿；属于生产者、销售者责任的，农产品批发市场有权追偿。消费者也可以直接向农产品生产者、销售者要求赔偿。

第八章 附 则

第五十五条 生猪屠宰的管理按照国家有关规定执行。

第五十六条 本法自 2006 年 11 月 1 日起施行。

主要参考文献

[1] 肖君泽. 农作物生产技术. 北京：高等教育出版社，2009

[2] 王振荣. 农作物病虫草鼠害防治新技术. 南京：南京出版社，1997

[3] 程亚樵. 农作物病虫害防治. 北京：北京大学出版社，2007

[4] 诸丽华，姚玉桂，杨光. 主要农作物病虫草鼠害综合防治技术. 北京：化学工业出版社，1998

[5] 刘自华. 北方农作物病虫害防治技术. 北京：中国农业大学出版社，1997

[6] 马新明，郭国侠. 农作物生产技术. 北京：高等教育出版社，2009